“环境经济核算丛书”编委会

“十一五”国家重点图书出版规划

环 境 经 济 核 算 丛 书

中国环境经济核算研究报告 2015—2016

Chinese Environmental and Economic Accounting Report 2015-2016

马国霞　於　方　周夏飞　等　著

中国环境出版集团・北京

图书在版编目（CIP）数据

中国环境经济核算研究报告. 2015—2016/马国霞等著.
—北京：中国环境出版集团，2022.1
（环境经济核算丛书）
ISBN 978-7-5111-4568-0

Ⅰ. ①中… Ⅱ. ①马… Ⅲ. ①环境经济—经济核算—研究报告—中国—2015—2016 Ⅳ. ①X196

中国版本图书馆 CIP 数据核字（2020）第 259566 号

出 版 人 武德凯
策　　划 陈金华
责任编辑 陈金华
文字编辑 史雯雅
责任校对 任　丽
封面设计 彭　杉

出版发行 中国环境出版集团
（100062 北京市东城区广渠门内大街 16 号）
网　　址：http://www.cesp.com.cn
电子邮箱：bjgl@cesp.com.cn
联系电话：010-67112765（编辑管理部）
发行热线：010-67125803，010-67113405（传真）
印　　刷 北京建宏印刷有限公司
经　　销 各地新华书店
版　　次 2022 年 1 月第 1 版
印　　次 2022 年 1 月第 1 次印刷
开　　本 787×960 1/16
印　　张 10
字　　数 180 千字
定　　价 50.00 元

以科学和宽容的态度对待“绿色GDP”核算

（代总序）

自1978年改革开放以来，中国的GDP以平均每年9.8%的高速度增长，创造了现代世界经济发展的奇迹。但是，西方近200年工业化产生的环境问题也在中国近20年间集中爆发了，环境污染正在损耗中国经济社会赖以发展的环境资源家底，社会经济的可持续发展面临着前所未有的压力。严峻的生态环境形势给我们敲响了警钟：模仿西方工业化的模式，靠拼资源、牺牲环境发展经济的老路是走不通的。在这种形势下，中国政府高屋建瓴、审时度势，提出了坚持以人为本，全面、协调、可持续的科学发展观。以科学发展观统领社会经济发展，走可持续发展道路。

（一）

实施科学发展亟待解决的一个关键问题是，如何从科学发展观的角度，对人类社会经济发展的历史轨迹、经济增长的本质及其质量做出科学的评价？国内生产总值（Gross Domestic Product，GDP）作为国民经济核算体系（SNA）中最重要的总量指标，被世界各国普遍采用以衡量国家或地区经济发展总体水平。然而传统的国民经济核算体系，特别是作为主要指标的GDP已经不能如实、全面地反映人类社会经济活动对自然资源的消耗和生态环境的恶化状况，这样必然会导致经济发展陷入高耗能、高污染、高浪费的粗放型发展误区，从而对人类社会的可持续发展产生负面影响。为此，20世纪70年代以来，一些国外学者开始研究修改传统的国民经济核算体系，提出了绿色GDP核算、绿色国民经济核算、综合环境经济核算等概念。一些国家和政府组织逐步开展了绿色GDP账户体系的研究和试算工作，并取得了一定的进展。在这期间，中国学者也做了一些开拓性的基础性研究。

中国在政府层面上开展绿色GDP核算有其强烈的政治需求。这也是中国独特的社会政治制度、干部考核制度和经济发展模式所决定的。时任总书记胡锦涛在 2004 年中央人口资源环境工作座谈会上指出："要研究绿色国民经济核算方法，探索将发展过程中的资源消耗、环境损失和环境效益纳入经济发展水平的评价体系，建立和维护人与自然相对平衡的关系。"2005 年，国务院《关于落实科学发展观　加强环境保护的决定》中强调：要加快推进绿色国民经济核算体系的研究，建立科学评价发展与环境保护成果的机制，完善经济发展评价体系，将环境保护纳入地方政府和领导干部考核的重要内容。2007 年，胡锦涛总书记在党的十七大报告中指出，我国社会经济发展中面临的突出问题就是"我国经济增长的资源环境代价过大"。2012 年，胡锦涛总书记在党的十八大报告中又指出，要"把资源消耗、环境损害、生态效益纳入经济社会发展评价体系，建立体现生态文明要求的目标体系、考核办法、奖惩机制"。所有这些都说明了开展和继续探索绿色 GDP 核算的现实需求，要求有关部门和研究机构从区域和行业出发，从定量货币化的角度去核算发展的资源环境代价，告诉政府和老百姓"过大"的资源环境代价究竟有多大。

在这样一个历史背景下，国家环境保护总局和国家统计局于 2004 年联合开展了"综合环境与经济核算（绿色 GDP）研究"项目。由国家环境保护总局环境规划院、中国人民大学、国家环境保护总局环境与经济政策研究中心、中国环境监测总站等单位组成的研究队伍承担了这一研究项目。2004 年 6 月 24 日，国家环境保护总局和国家统计局在杭州联合召开了"建立中国绿色国民经济核算体系"国际研讨会，国内外近 200 位官员和专家参加了研讨会，这是中国绿色 GDP 核算研究的一个重要里程碑。2005 年，国家环境保护总局和国家统计局启动并开展了 10 个省（区、市）的绿色 GDP 核算研究试点和环境污染损失的调查。此后，绿色 GDP 成了当时中国媒体一个脍炙人口的新词和热点议题。这些足以证明社会各界对绿色 GDP 的关注和期望。

（二）

2006 年 9 月 7 日，国家环境保护总局和国家统计局两个部门首次发布了中国第一份绿色国民经济核算研究报告——《中国绿色国民经济核算研究报告 2004》，这也是国际上第一个由政府部门发布的绿色 GDP 核算报告，标志着中国的绿色国民经济核算研究取得了阶段性和突破性的成果。2006 年 9 月 19 日，全国人大环境与资源保护委员会还专门听取了项目组关于绿色 GDP 核算成果的汇报。目前，以生态环境部环境规划院为代表的技术组已经完成了 2004—2018 年共 15 年的全国环境经济核算研究报告。在这期间，世界银行援助中国开展了“建立中国绿色国民经济核算体系”项目，加拿大和挪威等国家相继与国家统计局开展了中国资源环境经济核算合作项目。中国的许多学者、研究机构、高等学校也开展了相应的研究，新闻媒体也对绿色 GDP 倍加关注，出现了大量有关绿色 GDP 的研究论文和评论，绿色 GDP 成为近几年的一个社会焦点和环境经济热点，但也有一些媒体对绿色 GDP 核算给予了过度的炒作和过高的期望。总体来看，在有关政府部门和研究机构的共同努力下，中国绿色国民经济核算研究取得了可喜的成果，同时，这项开创性的研究实践也得到了国际社会的高度评价。在第一份中国绿色国民经济核算研究报告发布之际，国外主要报刊都对中国绿色 GDP 核算报告发布进行了报道。国际社会普遍认为，中国开展绿色 GDP 核算试点是最大发展中国家在这个领域进行的有益尝试，也展现了中国敢于承担环境责任的大国形象，敢于面对问题、解决问题的勇气和决心。

2004 年度中国绿色 GDP 核算研究报告的成功发布得到了国内外对中国绿色 GDP 项目的热烈喝彩，但后续 2005 年度研究报告的“流产”也受到了一些官员和专家的质疑。一些官员对绿色 GDP 避而不谈甚至“谈绿色变”，认为绿色 GDP 的说法很不科学，也没有国际标准和通用的方法。特别是 2007 年年初环境保护部门与统计部门的纷争似乎表明，中国绿色 GDP 核算项目已经“寿终正寝”。但是，现实的情况是绿色 GDP 核算研究没有“夭折”，国家统计局正在尝试建立中国资源环境核算体系，在短期内，可以填补绿色核算的缺位，长期则可以为未来实施绿色核算奠定基础。

从概念的角度来看，绿色 GDP 的确是媒体、社会的一种简化称呼。绿色 GDP 核算不等于绿色国民经济核算。绿色国民经济核算提供的政策信息要远多于绿色 GDP 本身包含的信息。科学的、专业的说法应该称作“绿色国民经济核算”或者国际上所称的“综合环境与经济核算”。但我们没有必要苛求公众去厘清这种概念的差异，公众喜欢叫“绿色 GDP”没有什么不好。这就像老百姓一般都习惯叫“GDP”一样，而没有必要让老百姓去理解“国民经济核算体系”。在国际层面，联合国统计司（UNSD）于 1989 年、1993 年、2003 年、2013 年分别发布了《综合环境与经济核算体系》（以下简称 SEEA）4 个版本。2012 年，联合国统计司发布了最新的 SEEA，为建立绿色国民经济核算总量、自然资源和污染账户提供了基本框架；欧洲议会于 2011 年 6 月初通过了“超越 GDP”决议和《欧盟环境经济核算法规》，这标志着环境经济核算体系将成为未来欧盟成员国统一使用的统计与核算标准。这些指南专门讨论了绿色 GDP 的问题。因此，“环境经济核算丛书”（以下简称“丛书”）也没有严格区分绿色 GDP 核算、绿色国民经济核算、资源环境经济核算的概念差异。

绿色 GDP 的定义不是唯一的。根据我们的理解，“丛书”所指的绿色 GDP 核算或绿色国民经济核算是在现有国民经济核算体系基础上，扣除资源消耗和环境成本后的 GDP 核算这样一种新的核算体系，是一个逐步发展的框架。绿色 GDP 可以在一定程度上反映一个国家或者地区的真实经济福利水平，也能比较全面地反映经济活动的资源和环境代价。我们的绿色 GDP 核算项目提出的中国绿色国民经济核算框架，包括资源经济核算、环境经济核算两大部分。资源经济核算包括矿物资源、水资源、森林资源、耕地资源、草地资源，等等。环境经济核算主要是环境污染和生态破坏成本核算。这两个部分在传统的 GDP 里扣除之后，就得到我们所称的绿色 GDP。很显然，我们目前所做的核算仅仅是环境污染经济核算，而且是一个非常狭义的、附加很多条件的绿色 GDP 核算。我们从 2008 年开始探索生态破坏损失的核算，从 2010 年开始探索经济系统的物质流核算。即使这样，绿色 GDP 在反映经济活动的资源和环境代价方面，仍然发挥着重要作用。很显然，这种狭义的绿色 GDP 是 GDP 的补充，是依附于现实中的 GDP 指标的。因此，如果有一天，全国都实现了绿色经济和可持续发展，地方政府政绩考核也不再使用 GDP，那么这种非常狭义的绿色 GDP 也都将失去其现实意义。那时，绿色 GDP 将真正地“寿终正寝”。

（三）

从科学的意义上来讲，我们开展的绿色 GDP1.0 版本核算研究最后得到的仅仅是一个“经环境污染和部分生态破坏调整后的 GDP”，是一个不全面的、有诸多限制条件的绿色 GDP，是一个仅考虑部分环境污染和生态破坏扣减的绿色 GDP，与完整的绿色 GDP 还有相当的距离。严格意义上，现有的绿色 GDP 核算只是提出了两个主要指标：一是经虚拟治理成本扣减的 GDP，或者称 GDP 的污染扣减指数；二是环境污染损失占 GDP 的比例。而且，我们第一步核算出来的环境污染损失还不完整，还未包括全部的生态破坏损失、地下水污染损失、土壤污染损失等内容。完全意义上的绿色 GDP 是一项全新的、涉及多部门的工作，既包括资源核算，又包括环境核算，只能由国家统计局组织自然资源和生态环境部门经过长期的努力才能得到，是一个理想的、长期的核算目标。因此，我们要用一种宽容的、发展的眼光去看待绿色 GDP 核算，也希望大家以宽容的态度对待我们的“绿色 GDP”概念。

由于环境统计数据的可得性、时间的限制、剂量-反应关系的缺乏等原因，目前发布的狭义绿色 GDP 核算和环境污染经济核算还没有包括多项损失核算，如土壤和地下水污染损失、噪声和辐射等物理污染损失、污染造成的休闲娱乐损失、室内空气污染对人体健康造成的损失、臭氧对人体健康的影响损失、大气污染造成的林业损失等。水污染对人体健康造成损失的核算方法存在缺陷，基础数据也不支持。这些缺项需要在下一步的研究工作中继续完善。这也是一种我们应该遵循的不断探索研究和不断进步完善的科学态度。但是，即使有这样多的损失缺项核算，已有的非常狭窄的绿色 GDP 核算结果也展示给我们一个发人深省的环境代价图景。2004 年狭义的环境污染损失已经达到 5 118 亿元，占到全国 GDP 的 3.05%。尽管 2004—2018 年环境污染损失占 GDP 的比例每年大体在 3%，但环境污染经济损失绝对量依然在逐年上升，表明全国环境污染恶化的趋势没有得到根本控制。

作为新的核算体系，中国的绿色 GDP 核算体系才刚刚开始建立。除环境污染核算、森林资源核算和水资源核算取得一定成果外，其他部门核算研究还相对滞后，环境核算中的生态破坏核算也刚刚起步。但需要强调的是，这只是一个探索性的研究项目。既然是研究项目，本身就决定了它是探索性的，没有必要非得等到国际上设立一个明确的标准，我们再来开展完整的绿色 GDP 核算。如果有了国际标准，我们就不需要研究了，而是实施操作的问题了。绿色 GDP 核算的启动实施，虽面临着许多技术、观念和制度方面的障碍，但没有这样的核算指标，我们就无法全面衡量我们的真实发展水平，无法用科学的基础数据来支撑可持续发展的战略决策，无法实现对整个社会的综合统筹与协调发展。因此，无论有多少困难和阻力，我们都应当继续研究探索，逐步建立起符合中国国情的绿色 GDP 核算体系。

（四）

《中国绿色国民经济核算研究报告 2004》是迄今为止唯一一份以政府部门名义公开发布的绿色 GDP 核算研究报告。考虑到目前开展的核算研究与完整的绿色 GDP 核算还有相当大的差距，为了科学客观和正确引导起见，从 2005 年开始我们把报告名称调整为“中国环境经济核算研究报告”。到目前为止，我们陆续出版了 2005—2018 年的中国环境经济核算研究报告。这一点也证明了，尽管在制度层面上建立绿色 GDP 核算体系是一个非常艰巨的任务，但从技术层面来看，狭义的绿色 GDP 是可以核算的，至少从研究层面看是可以计算的。之所以至今才公布最新的研究报告，很大原因在于生态环境部门和统计部门在发布内容、发布方式乃至话语权方面都存在着较大分歧，同时也遇到一些地方的阻力。目前开展的绿色 GDP 核算中有两个重要概念，一个是“虚拟治理成本”，另一个是“环境污染损失”。这两个概念与 SEEA 关于绿色 GDP 的核算思路是一致的。虚拟治理成本是指把排放到环境中的污染假设“全部”进行治理所需的成本，这些成本可以用产品市场价格货币化，可以作为中间消耗从 GDP 中扣减，因此我们称虚拟治理成本占 GDP 的百分点为 GDP 的污染扣减指数。这是统计部门和生态环境部门都能够接受的一个概念。而环境污染损失是指排放到环境中的所有污染造成环境质量下降所带来的人体健康、经济活动和生态质量等方面的损失，通过环境价值特定核算方法得到的货币化损失值，通常要比虚拟治理成本高。由于对环境污染损失核算方法的认识存在分歧，我们就没有在 GDP 中扣减污染损失，我们称它为污染损失占 GDP 的比例。这是一种相对科学的、认真的做法，也是一种技术方法上的权衡。

中国绿色 GDP 核算研究报告发布的历程证明，在中国真正全面落实科学发展观并非易事。这样一个政府部门指导下的绿色 GDP 核算研究报告的发布都遇到了来自地方政府的阻力。2006 年第一次发布的绿色 GDP 核算研究报告中，并没有提供全国 31 个省级行政区的核算数据，而只是概括性地列出了东、中、西部的核算情况。这种做法对引导地方充分认识经济发展的资源环境代价起不到什么作用。但是，我们的绿色 GDP 核算是一种自下而上的核算，有各地区和各行业的核算结果。地方对公布全国 31 个省级行政区的研究核算结果比较敏感。2006 年年底，参加绿色 GDP 核算试点的 10 个省级行政区的核算试点工作全部通过了两个部门的验收，但只有两个省级行政区公布了绿色 GDP 核算的研究成果，个别试点省级行政区还曾向国家环境保护总局和国家统计局正式发函，要求不要公布分省（区、市）的核算结果。地方政府的这种态度变化以及部门的意见分歧使得绿色 GDP 核算研究报告的发布最终陷入了僵局。目前，许多地方仍然唯 GDP 至上，在这种观念支配下，要在政府层面上继续开展绿色 GDP 核算，甚至建立绿色 GDP 考核指标体系，其阻力之大是可想而知的。

（五）

党的十八大以来，我国提出把资源消耗、环境损害、生态效益等指标纳入经济社会发展评价体系，重视生态文明建设，逐步放弃唯 GDP 的考核目标。党的十九大进一步强调加快生态文明体制改革，建设美丽中国，推进绿色发展，着力解决突出环境问题，加大生态系统保护力度，改革生态环境监管体制，践行“绿水青山就是金山银山”的理念，坚持节约资源和保护环境的基本国策，实行最严格的生态环境保护制度。绿色 GDP 核算扣除了经济系统增长的资源环境代价，但并没有把生态系统为经济系统提供的全部生态福祉都进行核算，只做了“减法”，没有做“加法”，无法体现“绿水青山就是金山银山”的绿色理念。

2015 年环境保护部启动了绿色 GDP 2.0 版本，开展了生态系统生产总值（Gross Ecosystem Product，GEP）的核算，对生态系统每年提供给人类的生态福祉全部进行核算，包括产品供给服务、生态调节服务、文化服务 3 个方面。但 GEP 只是从生态系统的角度考虑，单独把生态系统给经济系统提供的福祉全部进行核算，并没有把生态系统和经济系统完全地纳入同一核算体系中。

为把资源消耗、环境损害、生态效益纳入社会经济发展评价体系，项目组在绿色 GDP 1.0 和绿色 GDP 2.0 版本的基础上，进一步提出绿色 GDP 3.0 版本，构建经济生态生产总值（Gross Economic-Ecological Product，GEEP）综合核算指标。GEEP 既考虑了人类活动产生的经济价值，又考虑了生态系统每年给经济系统提供的生态福祉，还考虑了人类为经济系统产生的生态环境代价。即在绿色 GDP 核算的基础上，增加生态系统给人类提供的生态福祉的核算。其中，生态环境的损害主要用人类活动对生态系统的破坏成本和环境退化成本表示，生态系统给人类提供的福祉用 GEP 表示。GEEP 是一个有增有减、有经济有生态的综合指标。GEEP 同时考虑了人类活动和生态环境对经济系统的贡献，纠正了以前只考虑人类经济贡献或生态贡献的片面性。这一指标把“绿水青山”和“金山银山”统一到一个框架体系下，是“绿水青山就是金山银山”理念集成的体现，是践行“绿水青山就是金山银山”理念的重要支撑。与 GDP 相比，GEEP 更有利于实现地区的可持续发展，是相对更为科学的地区绩效考核指标，GEEP 核算是对绿色 GDP 核算进一步的完善和提升。

（六）

中国有自己的国情，现在开展的绿色 GDP 核算研究则恰恰是符合中国目前国情的。尽管目前的绿色 GDP 核算研究无论在核算框架、技术方法还是核算数据支持和制度安排方面，都存在这样和那样的众多问题，但是要特别强调的是，这是新生事物，因此请大家要以包容的、宽容的、科学的态度去对待绿色 GDP 核算研究。尽管我们受到了一些压力，但我们依然在继续探索绿色 GDP 的核算，到目前为止也没有停止过研究。更让我们欣慰的是，这项研究得到了全社会关注的同时，也得到了社会的认可和肯定。绿色 GDP 核算研究小组获得了 2006 年绿色中国年度人物特别奖，“中国绿色国民经济核算体系研究”项目成果也获得了 2008 年度国家环境保护科学技术二等奖。根据 2010 年可持续研究地球奖申报、提名和评审结果，可持续研究地球奖评审团授予中国环境规划院 2010 年全球可持续研究奖第二名，以表彰中国环境规划院在环境经济核算方面的杰出成就和贡献。近几年，一些省市（如四川、湖南、深圳等）也继续开展了绿色 GDP 和环境经济核算研究。特别是随着生态文明和美丽中国建设的提出，社会层面上许多官员和学者又继续呼吁建立绿色 GDP 核算体系。

开展绿色国民经济核算研究工作是一项得民心、顺民意、合潮流的系统工程。我们不能因为国际上没有核算标准就裹足不前了。我们不能认为绿色 GDP 核算会影响地方政府的形象，就不公开绿色 GDP 核算的报告了。我们应该鼓励大胆探索研究，让中国在建立绿色国民经济核算“国际标准”方面做出贡献。2007 年 7 月，《中国青年报》社会调查中心与腾讯网新闻中心联合实施的一项公众调查表明：96.4%的公众仍坚持认为“我国有必要进行绿色 GDP 核算”，85.2%的人表示自己所在地“牺牲环境换取 GDP 增长”的现象普遍，79.6%的人认为“绿色 GDP 核算有助于扭转地方政府‘唯 GDP’的政绩观”。调查中对于“国际上还没有政府公布绿色GDP核算数据的先例，中国也不宜公布”和“绿色GDP核算理论和方法都尚不成熟，不宜对外发布”的说法，分别仅有4.4%和6.7%的人表示认同。2008年《小康》杂志开展的一项调查表明，90%的公众认为为了制约地方政府用环境换取GDP的冲动，应该公开发布绿色GDP核算报告。

但是，无论从绿色GDP核算制度和体系角度来看，还是从核算方法和基础角度来看，近期把绿色GDP指标作为地方政府政绩考核指标都是不可能的，而且以政府平台发布核算报告也具有一定的局限性。如果把绿色GDP核算交给地方政府部门，与一些地方的虚假GDP核算一样，可能也会出现虚假的绿色GDP核算。因此，建议下一步的绿色GDP核算或环境经济核算研究报告以研究单位的研究报告方式出版发行，这既能起到一定的补充作用，也是一种比较稳妥、严谨客观、相对科学的做法。这样既可以排除地方政府部门的干扰，保证研究核算结果的公平公正，也能在一定程度上减轻地方政府部门的压力。经过一定时间的研究探索和全面的试点完善，再把绿色GDP核算纳入地方政府的官员政绩考核体系中。大家知道，现有的国民经济核算体系也是经过20多年摸索才建立起来的，GDP核算结果也经常受到质疑，也仍处于不断的完善之中。同样，绿色GDP核算体系的建立也需要很长的时间，或许是20年、30年，甚至更长的时间。总之，我们都要以科学的、宽容的态度去对待绿色GDP核算研究。

（七）

无论是绿色GDP 1.0版本的生态环境经济核算，还是绿色GDP 3.0版本的GEEP核算，都是一项繁杂的系统工程，涉及自然资源、水利、生态环境、农业农村、卫生、住建、统计等多个部门，部门之间的协调合作机制亟待建立。多个部门共同开展工作，合作得好，可以发挥各部门的优势；合作得不好，难免相互掣肘，就难以开展工作，甚至阻碍这项工作的开展。环境核算需要生态环境部门与统计部门的合作，森林资源核算需要林业部门与统计部门的合作。

GEEP核算是具有探索性和创新性的难事，需要统计部门对资源环境核算体系框架进行把关，建立相应的核算制度和统计体系。因此，在中国的GEEP核算以及资源环境经济核算领域，统计部门是责无旁贷的“总设计师”。统计部门应在自然资源、生态环境部门的支持下，在现有GDP核算的基础上设立卫星账户，勇敢地在传统GDP上做“减法”，真实地在传统 GDP 上做“加法”，核算出传统发展模式和经济增长的资源环境代价和生态系统为经济系统提供的生态福祉，用生态环境核算去展示和衡量科学发展观的落实度。

我们欣喜地看到，尽管国家统计部门对绿色 GDP 核算有不同的看法，但始终没有放弃建立资源环境核算体系的目标，一直致力于建立中国的资源环境经济核算体系。特别是最近几年，国家统计局与水利部、自然资源部联合开展了森林资源核算、水资源核算、矿产资源核算等项目，取得了一些自然资源部门核算的阶段性成果。国家林业和草原局在技术规范和具体核算监测等方面开展了大量的详细研究，先后发布了《森林生态系统服务功能评估规范》(LY/T 1721—2008)、《荒漠生态系统服务评估规范》（LY/T 2006—2012)、《自然资源（森林）资产评价技术规范》（LY/T 2735—2016)、《戈壁生态系统服务评估规范》(LY/T 2792—2017)、《湿地生态系统服务评估规范》(LY/T 2899—2017)、《岩溶石漠生态系统服务评估规范》（LY/T 2902—2017)、《森林生态系统服务功能评估规范》（GB/T 38582—2020）等规范导则，为 GEEP 核算奠定了坚实的基础。

（八）

绿色 GDP 核算研究是一项复杂的系统政策工程。在取得目前已有成果的过程中，许多官员和专家做出了积极的贡献。出版这样一套丛书，通常的做法是，邀请那些对该项研究做出贡献的官员和专家组成丛书指导委员会和顾问委员会。由于观点分歧、责任分担、操作程序等原因，我们不得不放弃这样一种传统的做法。但是，我们依然十分感谢这些官员和专家的贡献。在这些官员中，国家统计局原局长李德水、马建堂、宁吉喆，原副局长许宪春，原司长彭志龙等对推动绿色 GDP 核算研究做出了积极的贡献。原环境保护部潘岳副部长是绿色 GDP 的倡议者，对传播绿色 GDP 理念和推动核算研究做出了特殊的贡献。毫无疑问，没有这些政府部门领导的指导和支持，中国的绿色 GDP 核算研究就不可能取得目前的成果。在此，我们要特别感谢生态环境部翟青副部长、赵英民副部长、庄国泰副部长、徐必久司长、别涛司长、邹首民司长、刘炳江司长、刘志全司长、尤艳馨巡视员、宋小智巡视员、夏光巡视员、李春红副巡视员、房志处长、贾金虎处长、赖晓东处长、陈默调研员、刘春艳调研员，原国家环境保护总局王玉庆副局长，原国家环境保护局张坤民副局长，原环境保护部周建副部长、杨朝飞总工程师、朱建平司长、刘启风巡视员、赵建中副巡视员，原环境保护部环境规划院洪亚雄院长、吴舜泽副院长，中国环境监测总站原站长魏山峰，原环境保护部外经办王新处长和谢永明高工等人做出的贡献。我们要特别感谢国家统计局对绿色国民经济核算研究的有力支持，感谢文兼武司长、王益煊副司长、李锁强副总队长等人对绿色国民经济核算项目的指导和支持，正是由于国家统计局的不懈努力，中国的资源环境核算研究才得以继续前进。我们要特别感谢全国人大环境与资源保护委员会、国家发展改革委、科技部、原国土资源部、原国家林业局、水利部等部门对绿色 GDP 核算项目的支持、关注和技术咨询。

我们要特别感谢绿色 GDP 核算的研究小组，其中包括来自 10 个试点省级行政区的研究人员。我们庆幸有这样一支跨部门、跨专业、跨思想的研究队伍，在前后近 4 年的时间里开展了真实而富有效率的调查和研究。尽管我们有时也为核算技术问题争论得面红耳赤，但我们大家一起克服种种困难和压力，圆满完成了绿色 GDP 核算研究任务。我们要特别感谢开展绿色 GDP 核算试点研究的北京、天津、重庆、广东、浙江、安徽、四川、海南、辽宁、河北 10 个省级行政区以及湖北省神农架林区的生态环境和统计部门的所有参加人员。他们与我们一样经历过欣喜、压力、辛酸和无奈。他们是中国开展绿色 GDP 核算研究的第一批勇敢的实践者和贡献者。尽管在此不能一一列出他们的名字，但正是他们出色的试点工作和创新贡献才使得中国的绿色 GDP 核算取得了这样丰富多彩的成果，从而为全国的绿色 GDP 核算提供了坚实的基础和技术方法的验证。

在绿色 GDP 核算研究项目过程中，始终有一批专家学者对绿色 GDP 核算研究给予高度的关注和支持，他们积极参与了核算体系框架、核算技术方法、核算研究报告等咨询、论证和指导工作，对我们的核算研究工作也给予了极大的鼓励。有些专家对绿色 GDP 核算提出了不同的、有益的、反对的意见，但正是这些不同意见使得我们更加认真谨慎和保持头脑清醒，更加客观科学地去看待绿色 GDP 核算问题。毫无疑问，这些专家对绿色 GDP 核算的贡献不亚于那些完全支持绿色 GDP 核算的专家的贡献。这方面的专家主要有中国科学院牛文元教授、李文华院士和冯宗炜院士，中国环境科学研究院刘鸿亮院士和王文兴院士，原环境保护部金鉴明院士，中国环境监测总站魏复盛院士和景立新研究员，中国林业科学研究院王涛院士，中国社会科学院郑易生教授、齐建国研究员和潘家华教授，国务院发展研究中心周宏春研究员和林家彬研究员，中国科学院生态环境研究中心欧阳志云研究员，中国科学院地理科学与资源研究所谢高地研究员，中国海洋石油总公司邱晓华研究员，中国人民大学刘伟校长和马中教授，北京大学萧灼基教授、叶文虎教授、潘小川教授和张世秋教授，清华大学魏杰教授、齐晔教授和张天柱教授，国家宏观经济研究院曾澜研究员、张庆杰研究员和解三明研究员，中日友好环境保护中心任勇主任，能源基金会(美国)北京办事处邹骥总裁，中国农业科学院姜文来研究员，中国科学院王毅研究员和石敏俊研究员，北京林业大学张颖教授，中国环境科学研究院孙启宏研究员，中国林业科学研究院江泽慧教授、卢崎研究员和李智勇研究员，中国疾病预防控制中心白雪涛研究员，国家信息中心杜平研究员，国家林业和草原局戴广翠巡视员，中国水利水电科学研究院甘泓研究员和陈韶君研究员，中华经济研究院萧代基教授，同济大学诸大建教授和蒋大和教授，北京师范大学杨志峰院士和毛显强教授。在此，我们要特别感谢这些专家的智慧点拨、专业指导以及中肯的意见。

中国绿色 GDP 核算研究也得到了国际社会的高度关注。世界银行、联合国统计司、联合国环境规划署、联合国亚太经社会、经济合作与发展组织、欧洲环境局、亚洲开发银行、美国未来资源研究所、世界资源研究所等都积极支持中国绿色 GDP 核算的工作，核算技术组与加拿大、德国、挪威、日本、韩国、菲律宾、印度、巴西等国家的统计部门和环境部门开展了很好的交流与合作。

中国环境出版集团陈金华女士对“丛书”的出版付出了很大的心血，精心组织“丛书”的选题和编辑工作。同时，“丛书”的出版得到了原环境保护部环境规划院承担的国家“十五”科技攻关“中国绿色国民经济核算体系框架研究”课题、世界银行“建立中国绿色国民经济核算体系”项目以及财政部预算项目“中国环境经济核算与环境污染损失调查”等项目的资助。在此，对生态环境部环境规划院和中国环境出版集团的支持表示感谢。最后，对“丛书”中引用参考文献的所有作者表示感谢。

（九）

中国绿色 GDP 核算的研究和试点在规模和深度上是前所未有的。虽然许多国家在绿色核算领域已经做了不少工作，但是由于绿色核算在理论和技术上仍有不少问题没有解决，至今没有一个国家和地区建立了完整的绿色国民经济核算体系，只是个别国家和地区开展了案例性、局部性、阶段性的研究。“丛书”是中国绿色 GDP 核算项目理论方法和试点实践的总结，无论在绿色核算的技术方法上还是在指导绿色核算的实际操作上，在国内都填补了空白，在国际层面上也具有一定的参考价值。

然而，我们必须清醒地认识到，绿色国民经济核算体系是一个十分复杂而崭新的系统工程，目前我们取得的成绩仅是绿色核算“万里长征”的第一步，在理论上、方法上和制度上还存在许多不足和难点需要我们去不断攻克。我们必须充分认识建立绿色国民经济核算体系的难度，科学严谨、脚踏实地、坚持不懈地去研究建立环境经济核算的体系和制度，最终为全面落实和贯彻科学发展观提供环境经济评价工具，为建立世界的绿色国民经济核算体系做出中国的贡献。

为了使“丛书”更加科学、客观、独立地反映绿色 GDP 核算研究成果，“丛书”编辑时没有要求每册的选题目标、概念术语、技术方法保持完全的一致性，而是允许“丛书”各册具有相对的独立性和可读性。近几年来我们把环境经济核算的最新研究成果陆续加入“丛书”中，让更多的人了解并加入探索中国环境经济核算的队伍中。由于时间限制和水平有限，“丛书”难免存在各种错误或不当之处，我们欢迎读者与我们联系（邮箱：wangjn@caep.org.cn），提出批评、给予指正。我们期望与大家一起以一种科学和宽容的态度去对待绿色 GDP 核算，与大家一起继续探索中国的绿色 GDP 核算体系。我们也相信，随着生态文明和美丽中国建设的推进，绿色 GDP 核算正在成为一个科学发展观的有效评价体系。

王金南

首记于 2009 年 2 月 1 日，再记于 2020 年 10 月 20 日

前言

GDP 作为考察宏观经济的重要指标，是对一国总体经济运行表现做出的概括性衡量。但现行的国民经济核算体系有一定的局限性，一是它没有反映经济增长的资源环境代价；二是不能反映经济增长的效率、效益和质量；三是没有完全反映生态系统对经济增长的贡献度和带来的福祉，没有包括经济增长的全部社会成本；四是不能反映社会财富的总积累以及社会福利的变化。

为此，国际上从 20 世纪 70 年代开始研究建立绿色国民经济核算（以下简称绿色 GDP 核算）体系，它在传统的 GDP 核算体系中扣除自然资源耗减成本和污染损失成本，以期更真实地衡量经济发展成果和国民经济福利。联合国统计司（UNSD）于 1989 年、1993 年、2003 年和 2013 年先后发布并修订了《综合环境与经济核算体系》（SEEA），为建立绿色国民经济核算总量、自然资源和污染账户提供了基本框架。本课题组遵从 SEEA 框架体系，2006—2016 年，持续开展绿色 GDP 1.0（GGDP）研究，定量核算我国经济发展的生态环境代价，完成了 2004—2016 年共 13 年的年度环境经济核算报告，有力地推动了我国绿色国民经济核算体系研究。

目前，我国非常重视生态文明建设，逐步放弃唯 GDP 考核目标。党的十八大提出把资源消耗、环境损害、生态效益等指标纳入经济社会发展评价体系，党的十九大进一步强调加快生态文明体制改革，建设美丽中国，推进绿色发展，着力解决突出环境问题，加大生态系统保护力度，改革生态环境监管体制，践行“绿水青山就是金山银山”的理念，坚持节约资源和保护环境的基本国策，实行最严格的生态环境保护制度。绿色 GDP 核算扣除了经济系统增长的资源环境代价，但并没有把生态系统为经济系统提供的全部生态福祉都进行核算，只做了“减法”，没有做“加法”，无法体现“绿水青山就是金山银山”的绿色理念。

2015 年，环境保护部启动了绿色 GDP 2.0 版本，开展了生态系统生产总值（GEP）的核算，对生态系统每年提供给人类的生态福祉全部进行核算，包括产品供给服务、生态调节服务、文化服务 3 个方面。但生态系统生产总值只是从生态系统的角度考虑，单独把生态系统给经济系统提供的福祉全部进行核算，并没有把生态系统和经济系统完全地纳入同一核算体系中。为把资源消耗、环境损害、生态效益纳入社会经济发展评价体系，本书在绿色 GDP 1.0 和绿色 GDP 2.0 版本的基础上，构建经济生态生产总值（GEEP）综合核算指标。经济生态生产总值（GEEP）既考虑了人类活动产生的经济价值，也考虑了生态系统每年给经济系统提供的生态福祉，还考虑了人类为经济系统产生的生态环境代价。经济生态生产总值是一个有增有减、有经济有生态的综合指标。GEEP 同时考虑了人类活动和生态环境对经济系统的贡献，纠正了以前只考虑人类经济贡献或生态贡献的片面性。这一指标把“绿水青山”和“金山银山”统一到一个框架体系下，是“绿水青山就是金山银山”理念的集成，是践行“绿水青山就是金山银山”理念的重要支撑。与 GDP 相比，GEEP 更有利于实现地区可持续发展，是相对更为科学的地区绩效考核指标。

经核算，2015 年和 2016 年我国经济生态生产总值分别为 119.3 万亿元和 128.6 万亿元，2016 年比 2015 年增加 7.80%。其中，2016 年生态环境成本比 2015 年增加了 7.2%。生态系统生态调节服务价值为 53.5 万亿元，比 2015 年增长 7.1%。生态损失成本方面，2015 年和 2016 年生态环境损失成本增速下降，低于 GDP 增速。但河北、山东、江苏、河南、广东、浙江等人口和经济相对集聚的省份，其环境污染损失成本仍相对较高。虽然我国西部地区生态环境退化成本相对较低，但生态环境退化成本的增速快，生态环境退化指数高。生态系统生产总值方面，湿地和森林提供的 GEP 价值量大，2015 年和 2016 年湿地生态系统服务价值所占比例分别为 63.8%和 64.3%，森林生态系统服务价值所占比例分别为 14.7%和 19.5%。从区域来看，我国 GEP 较高的省份包括青藏高原的西藏和青海、东北地区的黑龙江、华北地区的内蒙古、华南地区的广东和西南地区的四川。除此之外，西北地区的新疆，华中地区的湖南、湖北 GEP 也都相对较高。从绿金指数（GEP 与 GDP 的比值）来看，西藏和青海绿金指数较高，比值均在 10 以上。

党的十九大报告提出，中国特色社会主义进入新时代，我国社会主要矛盾已经转化为人民日益增长的美好生活需要和不平衡不充分的发展之间的矛盾。我国经济发展不平衡，区域之间经济差异大。2015 年和 2016 年基于 GEEP 计算的区域基尼系数分别为 0.43 和 0.50，分别比基于 GDP 计算的区域基尼系数小 0.12 和 0.01。由此可见，GEEP 是“金山银山”和“绿水青山”的综合反映，有利于缩小区域差距。GEEP 核算结果的省份排名和 GDP 核算结果的省份排名差距较大，除了江苏、山东、广东、湖北等 4 个省份的排序没有变化外，其他省份的排序都有所变化。GEEP 排名比 GDP 排名降低幅度大的省份主要有北京、上海、河北、天津、陕西、河南等。内蒙古、黑龙江、云南、青海、西藏等省份都是我国重要的生态功能区，生态面积大，生态功能突出。这些省份 GEEP 的核算结果都远高于其 GDP，GEEP 排名相比 GDP 排名有较大幅度上升。

目录

第一部分　中国经济生态生产总值框架体系构建及应用研究报告 2015

第二部分　中国经济生态生产总值核算研究报告 2016

第一部分

中国经济生态生产总值框架体系构建及应用研究报告 2015

（陈金华　摄影）

第1章 引言

GDP 作为考察宏观经济的重要指标，是对一国总体经济运行表现做出的概括性衡量。但现行的国民经济核算体系有一定的局限性，①它没有反映经济增长的资源环境代价；②不能反映经济增长的效率、效益和质量；③没有完全反映生态系统对经济增长的贡献度和带来的福祉，没有包括经济增长的全部社会成本；④不能反映社会财富的总积累以及社会福利的变化。

为此，国际上从 20 世纪 70 年代开始研究建立绿色国民经济核算体系，它在传统的 GDP 核算体系中扣除自然资源耗减成本和污染损失成本，以期更真实地衡量经济发展成果和国民经济福利。联合国统计司（UNSD）于 1989 年、1993 年、2003 年和 2013 年先后发布并修订了《综合环境与经济核算体系》（SEEA），为建立绿色国民经济核算总量、自然资源和污染账户提供了基本框架。本课题组遵从 SEEA 框架体系，2006—2015 年，持续开展绿色 GDP 1.0（GGDP）研究，定量核算我国经济发展的生态环境代价，完成了 2004—2015 年共 12 年的年度环境经济核算报告，有力地推动了我国绿色国民经济核算体系研究。

目前，我国非常重视生态文明建设，逐步放弃唯 GDP 考核目标。党的十八大提出把资源消耗、环境损害、生态效益等指标纳入经济社会发展评价体系，党的十九大进一步强调加快生态文明体制改革，建设美丽中国，推进绿色发展，着力解决突出环境问题，加大生态系统保护力度，改革生态环境监管体制，践行“绿水青山就是金山银山”的理念，坚持节约资源和保护环境的基本国策，实行最严格的生态环境保护制度。绿色 GDP 核算扣除了经济系统增长的资源环境代价，但并没有把生态系统为经济系统提供的全部生态福祉都进行核算，只做了“减法”，没有做“加法”，无法体现“绿水青山就是金山银山”

的绿色理念。

2015 年，环境保护部启动了绿色 GDP 2.0 版本，开展了生态系统生产总值（GEP）的核算，对生态系统每年提供给人类的生态福祉全部进行核算，包括产品供给服务、生态调节服务、文化服务 3 个方面。但生态系统生产总值只是从生态系统的角度考虑，单独把生态系统给经济系统提供的福祉全部进行核算，并没有把生态系统和经济系统完全地纳入同一核算体系中。为把资源消耗、环境损害、生态效益纳入社会经济发展评价体系，本书在绿色 GDP 1.0 和绿色 GDP 2.0 版本的基础上，构建经济生态生产总值（GEEP）综合核算指标体系。

经济生态生产总值既考虑了人类活动产生的经济价值，也考虑了生态系统每年给经济系统提供的生态福祉，还考虑了人类为经济系统产生的生态环境代价。经济生态生产总值是一个有增有减、有经济有生态的综合指标。GEEP 同时考虑了人类活动和生态环境对经济系统的贡献，纠正了以前只考虑人类经济贡献或生态贡献的片面性。这一指标把“绿水青山”和“金山银山”统一到一个框架体系下，是“绿水青山就是金山银山”理论的集成，是践行“绿水青山就是金山银山”理念的重要支撑。与 GDP 相比，GEEP 更有利于实现地区可持续发展，是相对更为科学的地区绩效考核指标。

第2章 经济生态生产总值核算框架与关键指标

现有的国民经济核算体系没有考虑经济增长对自然资源和环境的消耗，也没有将生态系统为经济系统提供的生态服务价值纳入核算体系。为把资源消耗、环境损害、生态效益纳入社会经济发展评价体系，践行“绿水青山就是金山银山”的理念，本课题组通过多年关于绿色国民经济核算体系的理论和实践探索研究，在对经济生态生产总值构建的理论基础、核算框架、核算原则、关键指标等进行深入探讨的基础上，综合绿色 GDP 1.0 版本和绿色 GDP 2.0 版本的研究体系和核算方法，提出构建经济生态生产总值(GEEP)综合核算框架体系，并利用构建的经济生态生产总值核算体系，对 2015 年我国 31 个省份的经济生态生产总值进行核算应用。与 GDP 相比，GEEP 更有利于实现地区可持续发展，是相对更为科学的地区绩效考核指标。

2.1 经济生态生产总值理论基础

2.1.1 弱可持续发展理论

自 1987 年世界环境与发展委员会（WECD）在其报告《我们共同的未来》中提出可持续发展概念以来，可持续发展已成为人类理想的发展模式和指导世界各国发展的行动纲领。许多学者从不同角度给出了可持续发展的定义，从已有的可持续发展概念定义可看出，可持续发展可以分为强可持续发展和弱可持续发展两种类型。

强可持续发展主要指自然资本存量不随时间而下降，管理自然资本维持资源服务的可持续性产出。强可持续发展认为不是所有的自然资本都可以用人造资本来代替，强调如果自然资本对生产是必要的，其不能由其他生产资本替代。强可持续发展意味着发展不会损害资源基础，现在资源的使用不会影响到将来资源的可持续供应。资源的利用率大于可持续性产出就意味着存量的减少。自然资本存量不随时间而下降，在世代之间保持或增加自然资本存量，就可实现可持续发展。

强可持续性（strong sustainability）强调自然资本存量不随时间而下降的可持续性状态，但在大多数情况下，自然资本和人造资本之间是具有互补性（complementarity）和可替代性（substitutability），而且资本是个多层面的概念，正是自然资本和人造资本的特定形式的总体组合产生了特定层次的福利。因此，弱可持续发展理论更符合社会经济发展系统。

弱可持续发展（weak sustainability）指效用或消费不随时间而下降的可持续性状态，弱可持续发展又叫 Hartwick-Solow 可持续性准则。哈特维克（Hartwick）和索卢（Solow）是这一可持续概念的倡导者。弱可持续发展认为资本存量在不同要素之间可以互相替代，允许人造资本替代自然资本。哈特维克通过建立模型，假定模型中只有一种消费品，这种消费品是效用函数的唯一因素，以特定的储蓄准则作为推导条件，确定了实现非下降消费的条件，这个条件称为哈特维克准则。该准则认为，把开发不可再生资源得到的收益储蓄作为生产资本投入，在这一条件下，生产和消费的水平在时间上将保持为常数。如果遵循该准则，在一个消耗可再生资源的经济中，可以实现长时间恒定的消费。

Hartwick-Solow 可持续性准则并未提出非下降消费的初期水平是多少，即便在生活水平相当低的情况下，只要不是变得更低，这种经济就是可持续的。Hartwick-Solow 可持续性准则包括一个容易达到的最低消费水平，这有悖于可持续发展理论提出的初衷。本书认为经济生态生产总值基于弱可持续发展理论，但应在满足生态系统时间上的稳定性和弹性的基础上。其中，稳定性是一个种群受到干扰后回到某种平衡态的倾向；弹性是生态系统受到系统干扰后，保持其功能和有机结构的倾向。经济活动应将整个生态系统的弹性受到威胁的程度控制在相当低的水平，这样自然资本和人造资本才是可以相互替代的。任何减少生态系统弹性的行为都是潜在不可持续的，需要把生态环境系统的破坏损失进行扣减。弱可持续发展理论使生态系统和经济系统建立起了替代关系，体现了经济发展的福利水平。

2.1.2　福利经济学理论

人类需求的满足程度可以用社会福利来度量，这种福利不仅取决于个人所消费的私人物品以及政府提供的物品和服务，还取决于其从生态环境系统得到的非市场性物品和服务的数量与质量，如生态环境的生态调节服务、生态文化娱乐服务、清洁环境带来的各种健康服务等。因此，福利经济学的相关理论是生态环境价值核算的理论基础。

福利经济学认为开展经济活动的目的是增加社会中个人的福利。如果一个社会想让它的所有资源都发挥最大的效用，它就必须在环境变化和资源使用所带来的效益与将这些资源和要素置于其他用处所带来的成本之间进行权衡。根据权衡的结果，社会必须对环境和资源的配置进行适当的调整，以使个人福利得到增加。同时，假设每个人能够绝对正确地判断自己的偏好（福利状况），这些偏好都有其替代物，即偏好具有可替代性。

可替代性理论是经济学价值核算的核心，因为它在人们所需的各种物品之间建立了相应的替代率。一种货物或服务（A）的数量减少 x，将导致社会福利降低。根据偏好的可替代性，如果存在另一种货物或服务（B），其数量增加 y 可使社会福利保持不变。x 数量的 A 与 y 数量的 B 具有相同的价值，x 与 y 的比例关系就是两者的替代率。如果将 A 理解为一种有明确价值的基准商品，则根据 B 与 A 的替代率，就可以明确得到 B 的价值，用货币形式表示，就意味着获得了 B 的价格。

根据替代率的思想，可以对生态环境变化进行价值评估。将货币或某种有明确货币价格的物品作为基准商品，当生态环境的数量或质量发生变化时，只需要确定此时基准商品需要多大规模的变化能使社会福利保持不变，就可以根据基准商品的变化规模确定生态环境变化的价值量，从而给出生态环境变化所带来的货币价值。

生态环境价值核算的基本思路是生态环境服务被居民和企业享受，并把其分别处理为效用函数与生产函数的变量。通过分析标准的消费者与生产者行为理论，得到生态环境服务价值定价的方法。生态环境政策涉及的主要是非市场性的生态环境物品和服务的数量或质量变化，其重要特征是它们的有效性取决于其数量固定且不可改变，这些数量在每个人对消费组合进行选择时起着约束作用。

生态环境定价涉及补偿剩余（CS）和等量剩余（ES）两个基本概念。补偿剩余（CS）指如果有机会购买新的商品 C_1''，且其价格已经改变，为了使之与初始位置所带来的个人福利相等，需要支付多少进行补偿。CS 的大小是指在新的商品 C_1'' 处两条无差异曲线之间的垂直距离，即图 2-1 中 b 点到 e 点之间的距离。等量剩余（ES）指在给定初始价格及消费水平 C_1 的情况下，为了使个人福利在新的价位和消费点 b 保持不变，收入需要变化多少。图 2-1 中 ES 的大小是指商品 C_1 的消费保持在初始水平时，两条无差异曲线之间的垂直距离，即 a 点到 g 点的垂直距离。

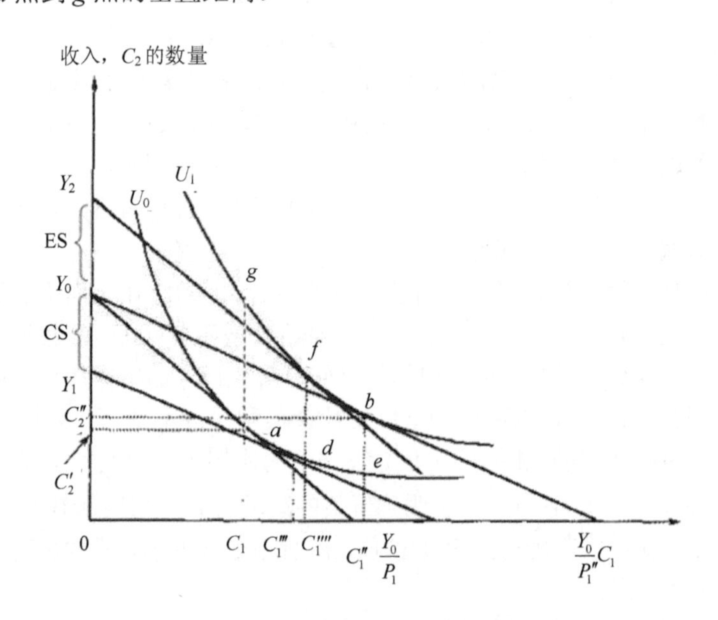

图 2-1　价格下降的收入和替代效应

注：P_1、P_1''为价格；Y_0、Y_1、Y_2为收入；U_0、U_1为效用曲线。

如果考虑环境退化（E），分析补偿剩余（CS）和等量剩余（ES）的情况，可以发现 CS 是因 E 的降低所愿意接受的补偿，而 ES 是因避免 E 的降低而愿意支付的货币量（表 2-1）。

表 2-1　环境质量变化的货币计量

	CS	ES
环境改善	对变化发生的 WTP	对变化不发生的 WTA
环境退化	对变化发生的 WTA	对变化不发生的 WTP

根据替代率的思想，就可以对资源环境变化进行价值评估。这种以可替代性为基础的价值评估，可进一步引入支付意愿（willingness to pay，WTP）和接受补偿意愿（willingness to accept compensation，WTA）两个概念。支付意愿和接受补偿意愿可以根据人们愿意用来替换被评价物品的其他任何物品来确定。支付意愿指人们为了得到像环境舒适性这样的物品而愿意支付的最大货币量。接受补偿意愿是指人们要求自愿放弃本可体验到的改进时获得的最小货币量。这两个价值计量方法都是以偏好的可替代性这一假设为基础的，但它们对福利水平采用了不同的参考点。支付意愿以没有改进作为参考点，接受补偿意愿则是以存在作为福利或效用的参考点。在原则上，支付意愿和接受补偿意愿不必相等。支付意愿受个人收入的限制，但是当人们因放弃改进而要求补偿时，其数量却没有上限。支付意愿和接受补偿意愿是对资源环境变化-基准商品变化之间替代关系的细化，是由理论到实际操作过程中的一个重要环节。根据资源环境系统变化影响社会福利的不同途径，福利经济学对支付意愿和接受支付意愿各自的适用范围以及测度方法进行了深入研究。

弗里曼认为资源环境价值取决于三组函数关系。第一组函数关系的因变量是资源环境数量、质量水平，自变量是人类的干预活动，该组函数关系用以估计人类活动对资源环境的影响；第二组函数关系以资源环境的用途为因变量，表现为人类利用资源环境的水平，自变量为资源环境数量、质量水平和利用资源环境的投入，这组函数关系反映人类对资源环境系统的依赖程度；第三组函数关系的因变量是资源环境系统的货币价值，自变量为资源环境的用途，反映环境用途的经济价值。从这三组环环相扣的函数关系，可以得到进行资源环境价值评估的程序。对于一般性的资源环境价值评估而言，资源环境价值评估的程序可以分为两个阶段。第一阶段主要研究资源环境数量或质量水平的变化将对人类福利产生哪些影响以及影响的程度。第二阶段是选择具体方法将对人类福利的影响货币化；而对于评价政策、项目或工程对资源环境的影响而言，则首先还需要研究人类干预将导致资源环境数量、质量水平在哪些方面产生变化以及变化的程度。

资源环境价值评估在理论上有两个要点，一是依据社会福利变化来计量价值，二是根据可替代性的原则，以替代率将难以计量的资源环境价值与一般等价物货币价值联系在一起。资源环境价值变化影响社会福利主要有 4 条路径：商品价格的变动、生产要素价格的变动、非市场性物品或服务的数量或质量的变动。前两条路径体现在市场体系之内，而后两条路径则发生于市场范围之外。资源环境系统的变化往往会同时通过这 4 条路径影响社会福利。需要说明的是，以上叙述都是着眼于资源环境变化来进行价值评估，未涉及资源环境存量的价值评估。

2.2 经济生态生产总值核算框架

经济生态生产总值（Gross Economic-Ecological Product，GEEP）是在经济系统生产总值的基础上，考虑人类在经济生产活动中对生态环境的损害和生态系统给经济系统提供的福祉。其中，生态环境的损害主要用人类活动对生态系统的破坏损失和环境的污染损失成本表示，生态系统对人类的福祉用生态系统调节服务指标表征。经济生态生产总值的概念模型如式（2.1）所示。

$$\text{GEEP}=\text{GDP}-\text{PDC}-\text{CED}+\text{ERS} \tag{2.1}$$

式中：GEEP —— 经济生态生产总值；

GDP —— 国内生产总值；

PDC —— 污染损失成本；

EDC —— 生态破坏损失；

ERS —— 生态系统调节服务。

课题组自 2006 年开展绿色 GDP 1.0（GGDP）核算工作以来，已对污染损失成本、生态破坏损失核算的方法进行了研究，并基于省域单元，对我国 2004—2015 年的污染损失成本和生态破坏损失进行了核算。GGDP 只是把经济系统对生态环境的损害进行了扣减，但没有对生态系统进入经济系统的生态服务效益进行核算，无法完全反映人类享受到的消费福利。经济生态生产总值核算理论框架体系是在 GGDP 的基础上，考虑了生态系统为经济系统提供的生态服务效益（图 2-2），从价值核算的角度，把经济系统和生态环境系统有机地联系起来。

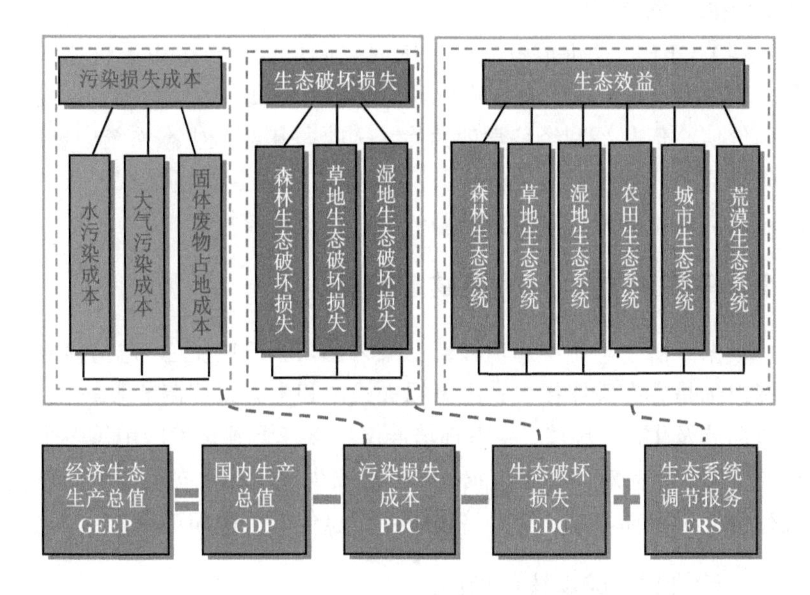

图 2-2　经济生态生产总值核算框架体系

2.3　经济生态生产总值核算原则

经济生态生产总值是对国民经济生产总值（GDP）的修正，其核算原则基本与 GDP 保持一致。GDP 是指一个国家或地区所有常驻单位在一定时期内生产的所有最终产品和劳务的市场价值。依据 GDP 核算原则，衍生出 GEEP 的核算原则如下。

（1）GEEP 的核算时间为一年。与 GDP 保持一致，GEEP 是对一定区域年度的所有最终产品和劳务的价值核算。

（2）GEEP 的核算对象为最终产品。GDP 是对最终产品和劳务的核算，中间产品不在其核算范围内。GEEP 核算也是对最终产品的核算，不包括中间产品。其公式中的生态系统调节服务主要是对生态系统给经济系统提供的最终产品服务进行核算，因此不包括支持服务这种中间过程。

（3）GEEP 是流量概念。GDP 是增加值的概念，是对一定时期内“新”增加的最终产品和提供的劳务价值进行核算，往期不在核算范围内。GEEP 也是一个流量概念，其生态系统调节服务、污染损失成本和生态破坏成本都是一年内生态环境提供的生态效益和人类不合理利用导致的生态环境损害的核算，因此生态资产的价值核算不包括在 GEEP 核算范围中。

（4）GEEP 是价值量概念。国内生产总值是一个市场价值的概念。GEEP 中的生态环境产品在现实中很多是没有市场交易的，没有市场价值。但从福利经济学的角度，人类每年都从生态系统中惠益，这些惠益的服务应该被价值化。因此，我们尽量用市场法或替代市场法对人类从生态系统中惠益的服务进行价值化核算。

2.4 经济生态生产总值核算指标

根据经济生态生产总值核算框架体系，经济生态生产总值核算的关键指标是生态破坏损失、污染损失成本和生态系统调节服务。这 3 个指标涉及生态、环境、生态环境经济学以及遥感技术应用等多个学科的交叉。如何对生态破坏损失、污染损失成本和生态系统生产总值进行价值量核算，是计算经济生态生产总值的关键和难点。

2.4.1 污染损失成本核算指标

污染损失成本指排放到环境中的各种污染物对人体健康、农业、生态环境等产生的环境退化成本。污染损失成本主要包括大气污染导致的污染损失成本、水污染导致的污染损失成本、固体废物占地导致的污染损失成本 3 个方面的环境污染损失成本。其中，大气污染导致的污染损失成本主要包括大气污染导致的人体健康损失、种植业产量损失、室外建筑材料腐蚀损失、生活清洁费用增加成本 4 个部分。水污染导致的污染损失成本主要包括水污染导致的人体健康损失、污水灌溉导致的农业损失、水污染造成的工业用水额外处理成本、水污染造成的城市生活用水额外处理成本以及水污染导致的污染型缺水损失等指标（表 2-2）。环境污染损失成本具体指标的核算方法，请参考课题组已出版的《中国环境经济核算技术指南》，如式（2.2）所示。

$$\mathrm{PDC}=\mathrm{APDC}+\mathrm{WPDC}+\mathrm{SPDC} \tag{2.2}$$

式中：PDC —— 污染损失成本；

APDC —— 大气污染损失成本；

WPDC —— 水污染损失成本；

SPDC —— 固体废物占地损失成本。

表 2-2　污染损失成本核算具体内容和方法

危害终端		核算方法
大气污染	人体健康损失	修正的人力资本法/疾病成本法
	种植业产量损失	市场价值法
	室外建筑材料腐蚀损失	市场价值法或防护费用法
	生活清洁费用增加成本	防护费用法
水污染	人体健康损失	疾病成本法/人力资本法
	污水灌溉造成的农业损失	市场价值法或影子价格法
	工业用水额外处理成本	防护费用法
	城市生活用水额外处理成本	防护费用法
	水污染引起的家庭洁净水成本	市场价值法
	污染型缺水损失	影子价格法
固体废物占地		机会成本法

2.4.2　生态破坏损失核算指标

生态破坏损失核算指标是指生态系统生态服务功能因人类不合理利用，产生的生态服务功能损失的核算指标。该指标是在生态系统调节服务核算的基础上，考虑不同生态系统的人为破坏率，对森林、草地、湿地三大生态系统的生态破坏损失进行核算，见式（2.3）。报告在进行 2015 年生态破坏损失核算时，以森林超采率作为森林生态系统的人为破坏率，森林超采率依据第八次全国森林资源清查获得的森林超采量和森林蓄积量计算而得。湿地人为破坏率根据第二次全国湿地资源调查结果，利用湿地重度威胁面积占湿地总面积的比例进行计算。草地人为破坏率根据 2016 年全国草原监测报告六大牧区省份及全国重点天然草原平均牲畜超载率进行计算。

$$EDC = ERS \times HR \qquad (2.3)$$

式中：EDC —— 生态破坏损失；
ERS —— 生态系统调节服务；
HR —— 人为破坏率。

2.4.3　生态系统调节服务核算指标

生态系统为人类经济活动提供各种生态价值惠益，具体包括生态产品供给服务、生态调节服务和生态文化服务 3 项服务，欧阳志云等把这 3 项服务的和称为生态系统生产总值（GEP）。因生态系统提供的生态产品供给服务和生态文化服务已经在 GDP 中有所体现，为避免重复，GEEP 只对生态系统给经济系统提供的生态调节服务价值进行核算。根据对 Costanza、千年生态系统评估（MA）、联合国 SEEA 的实验生态账户（EEA）、欧阳志云、森林生态系统服务功能评估规范等开展的生态系统服务核算指标研究的总结，结合数据的可得性、核算指标的不重复性、方法的合理性等原则，提出本书生态调节服务具体指标主要包括气候调节、水流动调节、固碳释氧、水环境净化、大气环境净化、土壤保持、防风固沙等，这些指标的具体计算方法请参考本课题组发表在《中国环境科学》上的文章，这里不再赘述。因不同生态系统提供的生态调节服务有所不同（表 2-3），且核算指标的选取与核算地区的区域特征有关，具体指标的选取需根据核算地区有所差别。生态系统调节服务核算公式如式（2.4）所示。

$$ERS=CRS+WRS+SMS+WPSF+CFOR+WCS+ACS+EDIP \quad (2.4)$$

式中：ERS —— 生态系统调节服务；
CRS —— 气候调节服务；
WRS —— 水流动调节服务；
SMS —— 土壤保持功能；
WPSF —— 防风固沙功能；
CFOR —— 固碳释氧功能；
WCS —— 水质净化功能；
ACS —— 大气环境净化；
EDIP —— 病虫害防治。

表 2-3 不同生态系统生态调节服务功能核算表

指标	森林	草地	湿地	农田	城市	荒漠
气候调节	√	√	√	×	×	×
固碳功能	√	√	√	×	√	√
释氧功能	√	√	√	×	√	√
水质净化功能	—	—	√	—	—	—
大气环境净化	√	√	√	√	√	√
水流动调节	√	√	√	—	—	—
病虫害防治	√	×	×	—	—	—
土壤保持功能	√	√	√	√	√	√
防风固沙功能	√	√	√	√	√	√

注：√拟评估，×未评估，— 不适合评估。

第3章 2015年污染损失成本核算

污染损失成本又称环境退化成本，它是指在目前的治理水平下，针对生产和消费过程中所排放的污染物对环境功能、人体健康、作物产量等造成的实际损害，利用人力资本法、直接市场价值法、替代费用法等环境价值评价方法评估计算得出的环境退化价值。基于损害的污染损失评估方法可以对污染损失进行更加科学和客观的评价。

在本核算体系框架下，环境退化成本按污染介质划分，包括大气污染、水污染和固体废物污染造成的经济损失；按污染危害终端划分，包括人体健康经济损失、工农业（工业、种植业、林牧渔业）生产经济损失、水资源经济损失、材料经济损失、土地占用丧失生产力引起的经济损失、污染事故经济损失和对生活造成影响的经济损失。

3.1 水环境退化成本

2006—2015 年，我国水环境退化成本逐年增加，年均增速为 10.4%。其中，2006 年为 3 387.0 亿元，2015 年为 8 277.7 亿元（图 3-1），2015 年水环境退化成本占总环境退化成本的 44.6%。因水环境退化成本的增速小于 GDP 增速，所以 GDP 水环境退化指数呈下降趋势，2006 年为 1.47%，2015 年为 1.15%。

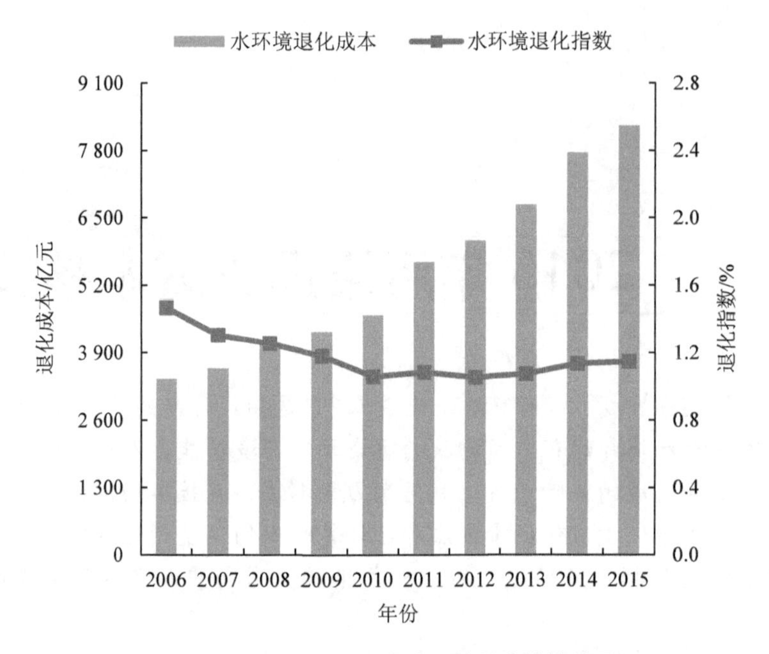

图 3-1　2006—2015 年水污染损失核算结果

在水环境退化成本中，污染型缺水造成的损失最大。根据核算结果，2015 年全国污染型缺水量达到 1 006.7 亿 m^3，占 2015 年总供水量的 16.5%，污染已经成为我国缺水的主要原因之一，对我国的水环境安全构成严重威胁，成为制约经济发展的一大要素。“十一五”和“十二五”期间，污染型缺水造成的损失呈小幅上升趋势。2006 年损失为 1 923 亿元，占水环境退化成本的 56.8%；2011 年为 3 355.5 亿元，占比为 59.4%；2013 年为 4 151.9 亿元，占比为 61.5%；2014 年为 5 116.1 亿元，占比为 66%；2015 年为 5 508.9 亿元，占比为 68%。其次为水污染对农业生产造成的损失，2015 年为 1 458.2 亿元，比 2006 年增加 199.8%（图 3-2）。2015 年水污染造成的城市生活用水额外治理和防护成本为 558.1 亿元，工业用水额外治理成本为 423.1 亿元，农村居民健康损失为 329.5 亿元，分别比 2006 年增加 43.4%、12.3% 和 56.4%。

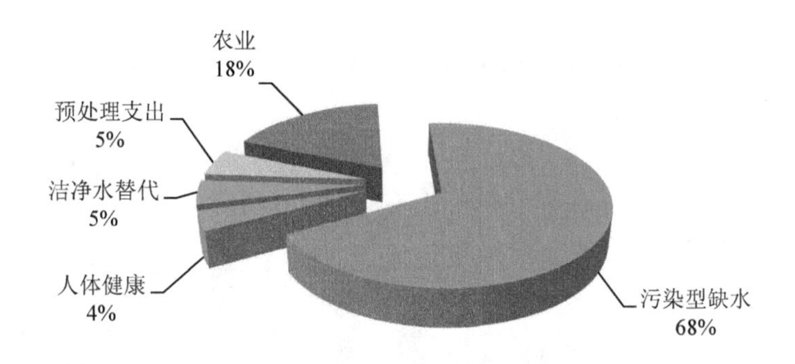

图 3-2　各种水污染损失占总水污染损失的比重

2015 年，东、中、西部 3 个地区的水环境退化成本分别为 4 245.5 亿元、1 974.4 亿元和 2 057.9 亿元，东、西部地区分别比上年增加 13.1% 和 5.1%，中部地区比上年下降 3.5%。东部地区水环境退化成本增速较快，主要是因为 2015 年东部地区的江苏和福建供需缺口较大，导致这两个省份的污染型缺失量较大，拉高了东部地区水环境退化成本增速。东部地区的水环境退化成本最高，约占水污染环境退化成本的 51.3%，占东部地区 GDP 的 1.06%；中部和西部地区的水环境退化成本分别占总水环境退化成本的 23.9%和 24.9%，分别占地区 GDP 的 1.12%和 1.42%。

3.2　大气环境退化成本

我国大气环境退化成本呈快速增长趋势。2006 年大气污染环境退化成本为 3 051.0 亿元，2007 年为 3 680.6 亿元，2008 年为 4 725.6 亿元，2009 年为 5 197.6 亿元，2010 年为 6 183.5 亿元，2011 年为 6 506.1 亿元，2012 年为 6 750.4 亿元，2013 年为 8 611.0 亿元，2014 年为 10 011.9 亿元，2015 年达到 11 402.6 亿元，2015 年的大气污染环境退化成本占总环境退化成本的 56.5%。“十一五”期间，GDP 大气环境退化指数在 1.5%～1.7%波动，“十二五”的前两年，GDP 大气环境退化指数呈下降趋势，2013—2015 年有所上升，分别为 1.37%、1.46%和 1.58%（图 3-3），2015 年大气环境退化成本指数上升的主要原因是大气污染导致的人体健康损失核算范围从城市扩展到全国，涵盖了农村地区。

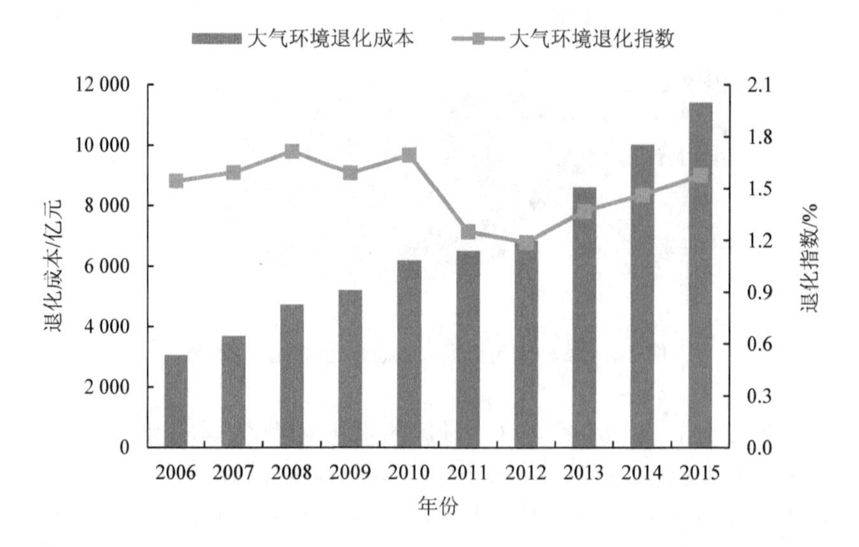

图 3-3 2006—2015 年大气污染损失及大气污染损失核算结果

在大气污染造成的各项损失中，健康损失最大。2004—2014 年我们主要利用我国城市监测数据，对 PM_{10} 导致的人体健康损失进行了核算。连续 11 年的核算结果显示，我国城镇地区每年因室外空气污染导致的过早死亡人数在 35 万～52 万人，2015 年，如果利用城市监测数据，PM_{10} 导致的过早死亡人数为 51.3 万人，与世界银行和 WHO 的核算结果相近。

我国大气污染区域性问题逐步显现，只对城市地区大气污染导致的人体健康损失进行核算，会低估我国大气污染导致的人体健康损失。美国健康效应研究所（HEI）利用遥感反演数据，对我国 $PM_{2.5}$ 导致的人体健康损失进行了核算，结果显示，2010 年室外 $PM_{2.5}$ 污染导致 120 万人过早死亡以及超过 2 500 万健康生命年损失。为全面核算室外大气污染导致的人体健康损失，本书利用中国科学院遥感与数字地球研究所提供的 2015 年 $PM_{2.5}$ 遥感影像反演数据，以 10 μg/m^3 的 $PM_{2.5}$ 质量浓度为健康阈值，重新构建了 $PM_{2.5}$ 与人体健康的剂量-反应关系，并把人口、人均 GDP 等其他数据都以插值的方法进行了网格化处理，以 10 km 网格为核算单元，对全国范围的大气污染导致的人体健康损失进行核算。核算结果显示，2015 年，$PM_{2.5}$ 导致的过早死亡人数为 83.9 万人，其中城市地区约 51.3 万人，农村地区约 32.6 万人。2015 年，我国城镇人口比例为 56.1%，由于农村地区，特别是南方农村地区的大气污染浓度普遍比城镇低，因此，农村地区因大气污染导致的过早死亡人数比城市地区少是合理的。

在对大气污染导致的城市人口过早死亡人数核算的基础上，利用第五次、第六次人口普查数据，对大气污染导致的预期寿命减损进行评估。结果显示，2004 年我国预期寿命为 69.6 岁，大气污染导致的人均潜在寿命损失年为 1.85 a。2015 年我国预期寿命上升为 76.3 岁，大气污染导致的人均潜在寿命损失年为 0.63 a。同时，考虑南北方区域差异，对南方和北方大气污染导致的人均潜在寿命损失年也进行了计算。结果显示，2004 年，我国北方大气污染导致的预期折寿损失年为 2.3 a，我国南方大气污染导致的预期折寿损失年为 1.8 a，北方比南方预期折寿损失年多 0.5 a。2015 年，我国北方大气污染导致的预期折寿损失年为 1.37 a，我国南方大气污染导致的预期折寿损失年为 0.61 a，北方比南方预期折寿损失年多 0.76 a。根据原卫生部《健康中国 2020 战略研究报告》，我国所有慢性病导致居民期望寿命损失为 13.2 a。根据《2010 年全球疾病负担报告》，中国约有 20%的早死可归因于包括空气污染在内的所有环境危险因素。该报告推算我国由于大气污染导致的期望寿命损失年最多不超过 2.6 a。从省份来看，上海、宁夏、新疆、北京、河北、广东等省份大气污染导致的潜在寿命损失年超过了 0.96 a，海南、福建、贵州、西藏和云南都低于 0.5 a（图 3-4）。

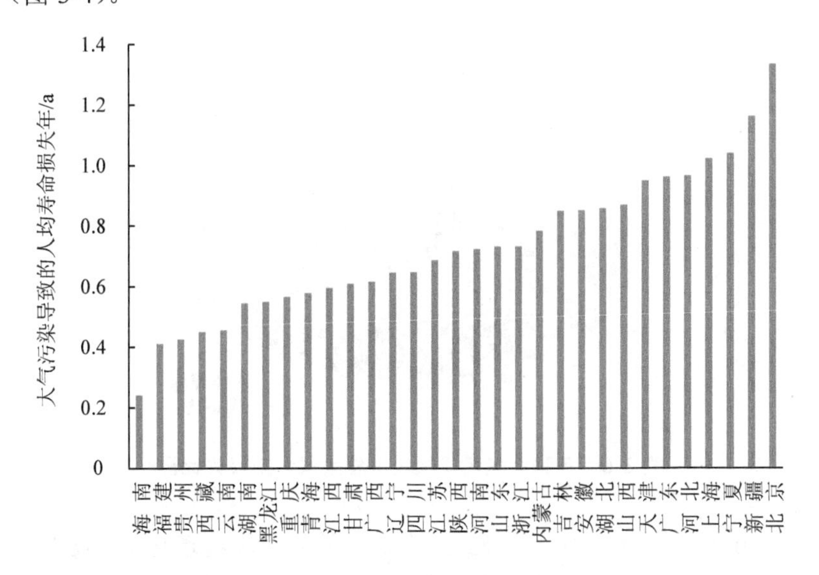

图 3-4　2015 年不同省份大气污染导致的人均寿命损失年

2015 年，我国东部地区大气污染导致的过早死亡人数为 35.2 万人，占总数的 42.0%，中部地区大气污染导致的过早死亡人数为 27.6 万人，占总数的 32.9%，西部地区大气污染导致的过早死亡人数为 21 万人，占总数的 25%。2015 年我国实际死亡人数为 977.4 万人，大气污染导致的过早死亡人数占实际死亡人数的 8.6%。具体到各省份而言，北京、新疆、河北、上海、天津、安徽、湖北、山西、广东、吉林等地区大气污染导致的过早死亡人数占实际死亡人数的比例都超过了 11%；而海南、福建、西藏、贵州、云南等省份大气污染导致的过早死亡人数较少。从空气污染导致的死亡率来看，中部地区最高，为 0.64‰，东部地区为 0.61‰，西部地区为 0.57‰。其中，北京（0.86‰）、河北（0.75‰）、河南（0.75‰）、江苏（0.71‰）、天津（0.71‰）等省份相对较高。而海南（0.21‰）、西藏（0.31‰）、福建（0.36‰）、云南（0.43‰）、贵州（0.47‰）、广东（0.49‰）等省份空气污染导致的死亡率相对较低。

在 SO_2 减排政策的作用下，大气环境污染造成的农业减产损失有所降低。2015 年农业减产损失为 182.9 亿元，比 2014 年减少 55%，农业减产损失占总大气污染损失的 1.6%（图 3-5）。2015 年，材料损失为 149.7 亿元，比 2014 年减少 30.2%。随着车辆和建筑物的快速增加，额外清洁费用增速较快，从 2006 年的 416.4 亿元增加到 2015 年的 1 764.7 亿元，年均增长率为 17.4%。

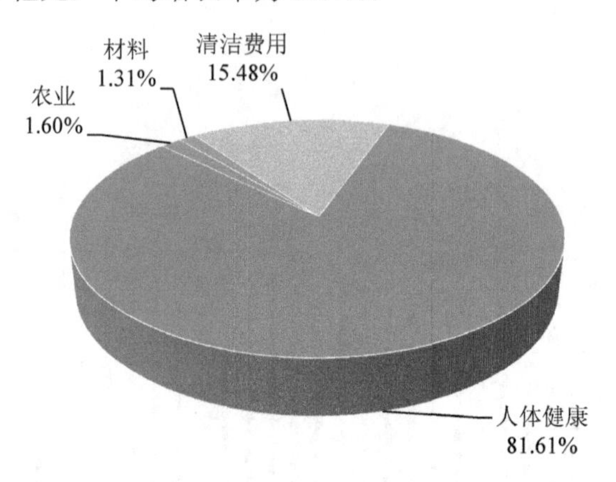

图 3-5　各种大气污染损失占总大气污染损失比重

2015 年，东、中、西部 3 个地区的大气环境退化成本分别为 6 391.9 亿元、2 857.3 亿元和 2 153.3 亿元。大气环境退化成本最高的仍然是东部地区，占大气总环境退化成本的 56.1%，占东部地区 GDP 的 1.59%；中部和西部地区的大气环境退化成本分别占大气总环境退化成本的 25.1%和 18.9%，这两个地区的大气环境退化成本占地区 GDP 的比重分别为 1.6%和 1.5%。对省份而言，江苏（1 268.5 亿元）、山东（1 067.4 亿元）、广东（955.2 亿元）、河南（696.5 亿元）、浙江（636.2 亿元）、河北（553.5 亿元）等 6 个省份的大气污染损失较高，占全国大气污染损失的 45.4%。甘肃（96.9 亿元）、宁夏（44.1 亿元）、青海（29.0 亿元）、海南（20.2 亿元）、西藏（6.1 亿元）等省份大气污染损失相对较低，占全国大气污染损失比例的 1.7%。

专栏 3.1 2015 年基于 10 km 网格的全国 $PM_{2.5}$ 年平均浓度遥感估算模型

基于气溶胶光学厚度进行 $PM_{2.5}$ 浓度估算，并且对数据进行了湿度订正与垂直订正，建立与近地面颗粒物浓度的关系，依据统计关系计算地面 $PM_{2.5}$ 观测值，主要步骤如下：

第一步：MODIS 数据处理

基于中国科学院遥感与数字地球研究所研发的针对亮目标区域和特殊气溶胶类型（秋冬季）的气溶胶卫星遥感反演模型，构建了 2015 年中国亮目标区域和污染区域的气溶胶光学厚度数据集。然后，将中国科学院遥感与数字地球研究所构建的气溶胶光学厚度数据集与 2015 年 MODIS 气溶胶官方产品数据集（MOD04-10km）进行融合，生成了 2015 年覆盖全国的气溶胶光学厚度数据集，提高了气溶胶光学厚度官方数据集的整体精度，扩大了其覆盖范围。

第二步：高度订正

采用式 (1) 实现气溶胶光学厚度高度订正得到地面消光系数 β_0；对每个省份，按照月份统计气溶胶标高数据 H，计算地面消光系数 β_0。

$$\tau = \int_0^\infty \beta_z \mathrm{d}z = \int_0^\infty \beta_0 \cdot \mathrm{e}^{-\frac{Z}{H}} \mathrm{d}z = H\beta_0 \tag{1}$$

其中，τ 为气溶胶光学厚度；β_z 为大气层高度系数；z 为大气层高度。

第三步：湿度订正

得到地面消光系数以后，按式 (2) 进行湿度订正。

$$\beta_{\text{dry}} = \beta_0 / f(\text{RH}) \qquad (2)$$

其中，β_{dry} 为近地面干的大气气溶胶消光系数；增长因子 $f(\text{RH})=1/(1-\text{RH})$，RH 为大气相对湿度。

第四步：地面消光系数与 $PM_{2.5}$ 的统计关系建立

基于每个省（区、市）站点的 $PM_{2.5}$ 观测值和 AOD 数据建立 β_{dry} 和 $PM_{2.5}$ 的相关关系 $y=ax+b$，获取关系 a、b 系数，将得到的相关关系与 β_{dry} 的空间分布相结合，即得到每个省（区、市）$PM_{2.5}$ 的空间分布信息。为了消除各省（区、市）边界之间的差异性，采用区域卫星产品和地基 $PM_{2.5}$ 数据进行二次拟合处理。

第五步：模拟结果精度检验

采用基于经纬度的精度验证方法，基于全国地基站点经纬度数据，以最邻近原则，进行反演结果的数据提取工作，将此数据与地基站点数据进行对比。结果显示，2015 年全国各省份 $PM_{2.5}$ 年平均浓度与地基 $PM_{2.5}$ 观测数据一致性较好，其中北京、天津、广西、贵州、宁夏、福建、辽宁等省（区、市）卫星遥感估算 $PM_{2.5}$ 浓度与地基 $PM_{2.5}$ 观测数据基本一致；全国范围的 $PM_{2.5}$ 产品精度达到 92.03%。

3.3 固体废物侵占土地退化成本

2015 年，全国工业固体废物侵占土地约 20 240.6 万 m^2，丧失土地的机会成本约为 298.4 亿元，比上年增加 18.8%。生活垃圾侵占土地约 2 863.4 万 m^2，比上年减少 0.52%，丧失的土地机会成本约为 77 亿元，比上年略有增加。两项合计，2015 年全国固体废物侵占土地造成的环境退化成本为 375.6 亿元，占总环境退化成本的 2.1%。2015 年，东、中、西部 3 个地区的固体废物环境退化成本分别为 140.2 亿元、103.2 亿元、132.2 亿元。

3.4 环境退化成本

2006—2015 年，我国环境退化成本以年均 13.4%的速度增加。其中，2006 年为 6 507.7 亿元，2010 年为 11 032.8 亿元，2011 年为 12 512.7 亿元，2012 年为 13 357.6 亿元，2013 年为 15 794.5 亿元，2014 年为 18 218.8 亿元，2015 年为 20 179.1 亿元（图 3-6）。2015 年，因大气污染导致的健康损失核算范围由以前的城市范围扩展到城乡全部范围，导致 2015 年环境退化成本比往年增速大。2015 年，环境退化成本为 20 179.1 亿元，比 2014 年增加 10.7%。在总环境退化成本中，大气环境退化成本和水环境退化成本是主要的组成部分，2015 年这两项损失分别占总退化成本的 56.5%和 41%，固体废物侵占土地退化成本和污染事故造成的损失分别为 375.6 亿元和 123.3 亿元，分别占总退化成本的 1.86%和 0.61%。从环境退化成本占 GDP 比重的扣减指数看，总体上环境退化指数呈下降趋势，但 2013—2015 年有所上升（图 3-6）。

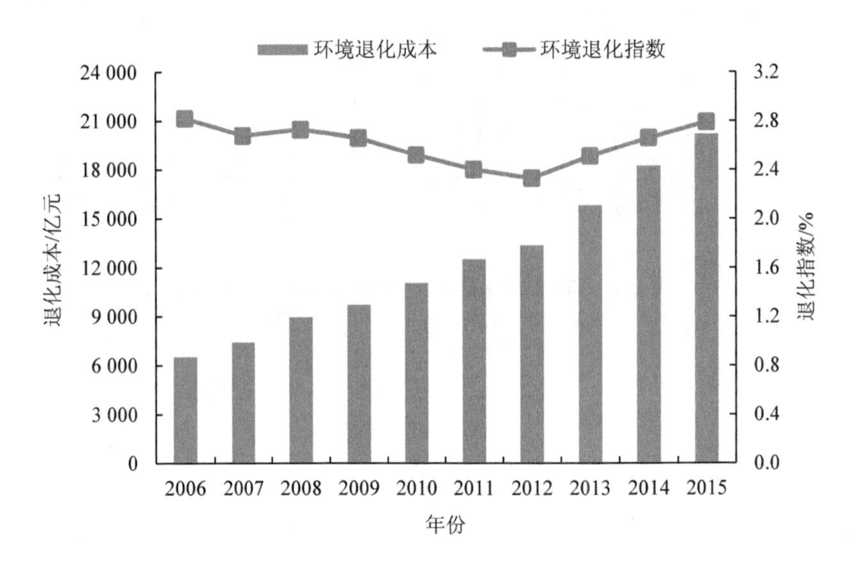

图 3-6　2006—2015 年环境退化成本及其扣减指数

从空间角度看，我国区域环境退化成本呈现自东向西递减的空间格局（图 3-7）。2015 年，我国东部地区的环境退化成本较大，为 10 781.4 亿元，占总环境退化成本的 53.7%，中部地区为 4 935.3 亿元，西部地区为 4 359.4 亿元。具体从省份角度看，河北（1 993.7 亿元）、山东（1 992.7 亿元）、江苏（1 763.1 亿元）、河南（1 564.8 亿元）、广东（1 199.5 亿元）、浙江（1 019.2 亿元）等省份的环境退化成本较高，占全国环境退化成本的比重为 47.2%。除河南外，这些省份都位于我国东部沿海地区。云南（288.4 亿元）、新疆（217.7 亿元）、宁夏（172.7 亿元）、青海（85.6 亿元）、西藏（48.2 亿元）、海南（35.0 亿元）等省份的环境退化成本较低，占环境退化成本的比重为 4.2%。这些省份除环境质量本底值好的海南省外，其他都位于西部地区，西部地区环境退化成本低的主要原因是地广人稀，实际来看，西部地区部分城市的大气环境质量与水体的水环境质量也令人堪忧。

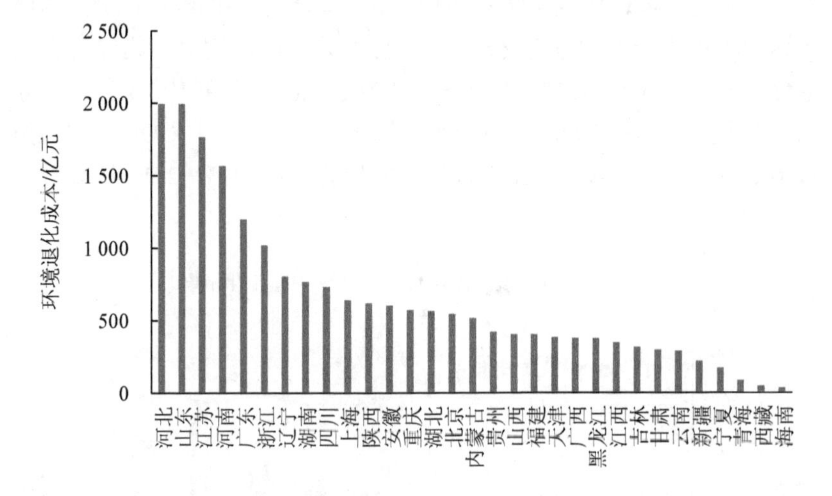

图 3-7 2015 年中国 31 个省份环境退化成本图

第 4 章

2015 年生态破坏损失核算

生态系统可以按不同的方法和标准进行分类，本书按生态系统特性将生态系统划分为 5 类，即森林生态系统、草地生态系统、湿地生态系统、农田生态系统和海洋生态系统。由于不掌握农田生态系统和海洋生态系统的基础数据及相关参数，本书仅核算了森林、草地和湿地等 3 类生态系统的服务损失。

生态系统一般具有三大类功能，即生活与生产物质（如食物、木材、燃料、工业原料、药品等）的提供、生命支持系统（如固碳释氧、水流动调节、气候调节、土壤保持、环境净化等）的维持以及精神生活的享受（如登山、野游、渔猎、漂流等）。本书所指生态服务仅包括生命支持系统的维持，根据森林、草地和湿地的主要生态功能，选择重要和典型的服务类型进行核算（表 4-1）。与 2008—2014 年的核算框架相比，2015 年核算框架由原来的森林、草地、湿地、矿产 4 类变为森林、草地和湿地 3 类，核算的服务类型删除了有机质生产和生物多样性。

表 4-1　生态破坏损失核算框架

	有机质生产	固碳释氧	水流动调节		土壤保持		环境净化		生物多样性	气候调节
			水源涵养	水文调节	水土保持	营养物质循环	水质净化	大气环境净化		
原核算内容										
森林	√	√	√	×	√	√	×	√	√	×
草地	√	√	√	×	√	√	×	√	√	×
湿地	√	√	√	√	√	√	√	√	√	×
新核算内容										
森林	×	√	√	×	√	√	×	√	×	√
草地	×	√	√	×	√	√	×	√	×	√
湿地	×	√	√	√	√	√	√	√	×	√

注：√代表已核算项目，×表示未核算项目。原核算内容还核算了矿产资源开发造成的地下水损失和地质灾害造成的损失。

专栏 4.1　生态破坏损失核算说明

2015 年以前的生态破坏损失主要核算了森林生态系统、湿地生态系统、草地生态系统的破坏损失和矿产资源开发造成的生态破坏损失，核算的主要生态服务指标包括有机质生产、固碳释氧、水流动调节、土壤保持、环境净化和生物多样性 6 项服务损失。2015 年根据第八次全国森林资源清查、第二次全国湿地资源调查以及全国草原监测报告，更新了森林、草地、湿地的基础数据及相关参数，修改了核算内容，主要核算森林、草地和湿地生态系统损失量，核算的主要生态功能是固碳释氧、水流动调节、土壤保持、水质净化、大气环境净化，具体如下：

首先，报告根据中国科学院地理科学与资源研究所解译的 2015 年空间分辨率为 1 km 的土地利用数据，结合 MODIS NDVI 数据进行不同生态系统不同生态功能指标的实物量计算。

其次，在不同生态系统生态服务功能实物量核算的基础上，根据不同生态系统服务功能实物量与不同生态系统人为破坏率的乘积，进行不同生态系统生态破坏实物量核算。

(1) 森林生态系统的核算依据第八次全国森林资源清查结果。报告编写组核算了我国森林生态系统的固碳释氧、水流动调节、土壤保持、大气环境净化、气候调节等生态调节服务的功能量，根据森林超采率（根据第八次全国森林资源清查获得的森林超采量和森林蓄积量计算得到）计算不同生态功能的森林损失功能量，再根据价值量方法将损失功能量转换为损失价值量。

(2) 湿地生态系统的核算根据第二次全国湿地资源调查结果。报告编写组核算了我国湿地生态系统的固碳释氧、水流动调节、气候调节、土壤保持、水质净化和大气环境净化等生态调节服务的功能量，根据湿地重度威胁面积占湿地总面积的比例计算不同生态功能的湿地损失功能量，再根据价值量方法将损失功能量转换为损失价值量。

(3) 对草地生态系统核算了固碳释氧、水流动调节、土壤保持、大气环境净化、气候调节等生态调节服务的功能量，根据草地人为破坏率（根据 2016 年全国草原监测报告六大牧区省份及全国重点天然草原平均牲畜超载率计算获得）计算不同生态功能的草地损失功能量，再根据价值量方法将损失功能量转换为损失价值量。

4.1 森林生态破坏损失

我国是一个缺林少绿、生态脆弱的国家，森林覆盖率低于全球平均水平（31%），人均森林面积仅为世界人均水平的 1/4，人均森林蓄积量只有世界人均水平的 1/7，林地生产力低，森林每公顷蓄积量只有世界平均水平（131 m^3）的 69%，人工林每公顷蓄积量只有 52.76 m^3。我国应进一步加大投入，加强森林经营。目前，我国提高林地生产力、增加森林蓄积量、增强生态服务功能的潜力还很大。

第八次全国森林资源清查（2009—2013 年）结果显示，我国现有森林面积 2.08 亿 hm^2，森林覆盖率为 21.63%，活立木总蓄积量为 164.33 亿 m^3。森林面积和森林蓄积量分别位居世界第 5 和第 6，人工林面积居世界首位。与第七次全国森林资源清查（2004—2008 年）结果相比，森林面积增加 1 223 万 hm^2，森林覆盖率上升 1.27 个百分点，活立木总蓄积量和森林蓄积量分别增加 15.20 亿 m^3 和 14.16 亿 m^3。总体来看，我国森林资源进入了数量增长、质量提升的稳步发展时期。这充分表明，党中央、国务院确定的林业发展和生态建设一系列重大战略决策、实施的一系列重点林业生态工程取得了显著成效。但是我国森林资源总量相对不足、质量不高、分布不均的状况仍未得到根本改变，林业发展还面临着巨大的压力和挑战。

在人类活动的干扰下，森林资源的非正常耗减所造成的生态服务功能下降，包括森林资源非正常耗减带来的森林生态系统服务功能退化损失以及为防止森林生态退化的支出两部分。由于缺乏数据，本书仅对前者的损失进行了核算。这里所指的森林资源包括常绿针叶林、常绿阔叶林、落叶针叶林、落叶阔叶林等多种类型（这里主要指由乔木树种构成、郁闭度为 0.2 以上的林地或冠幅宽度为 10 m 以上的林带，不包括灌木林地和疏林地）。

根据第八次全国森林资源清查结果，森林面积增速开始放缓，现有未成林造林地面积比上次清查少 396 万 hm^2，仅有 650 万 hm^2。同时，现有宜林地质量好的仅占 10%，质量差的多达 54%，且 2/3 的现有宜林地分布在西北、西南地区。2015 年我国森林生态破坏损失达到 1 239.1 亿元，占 2015 年全国 GDP 的 0.17%。从损失的各项功能看，固碳释氧、水流动调节、土壤保持、大气环境净化、气候调节功能损失的价值量分别为 218.8 亿元、543.3 亿元、259.7 亿元、2.6 亿元和 214.7 亿元（图 4-1）。其中，水流动调节丧失所造成的破坏损失量最大，占森林总损失量的 43.8%。

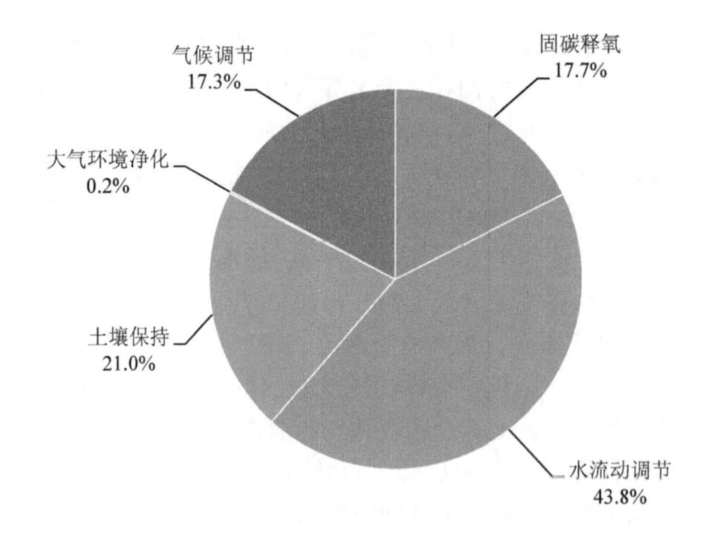

图 4-1　森林生态破坏各项损失量占比

从森林生态破坏损失的地域分布看，2015 年湖南省森林生态破坏的经济损失最大，为 407.5 亿元，其森林的超采率为 4.7%；其次是江西、广东、贵州、黑龙江、浙江、广西等地，森林生态破坏的经济损失均超过 50 亿元，这些省份除广西的森林超采率小于 1%以外，其他省份的森林超采率都大于 1%，其中江西的森林超采率为 2.0%，广东为 1.7%，贵州为 1.5%，黑龙江为 1.2%，浙江为 1.3%；上海、宁夏、北京、天津等地森林生态破坏损失较少，其中上海、天津主要由于森林生态系统服务量较低，其森林超采率较高，分别为 12.4%和 5.11%；内蒙古、福建、海南、陕西森林超采率为 0，森林生态系统破坏损失为 0。总体上，中国森林生态破坏损失主要分布在东南和西南地区，西北各省份森林生态破坏损失相对较轻，各地森林生态破坏的形成原因也各不相同。广西、黑龙江主要由于森林资源比较丰富，核算得到的生态系统服务功能量较大，所以其生态破坏的损失价值也较高；湖南、江西、广东、贵州等省份则是由于森林超采率较高，造成森林生态破坏的损失价值增高；西北各省份受退耕还林政策的影响，森林超采率普遍较低，森林生态破坏损失相对较低（图 4-2）。

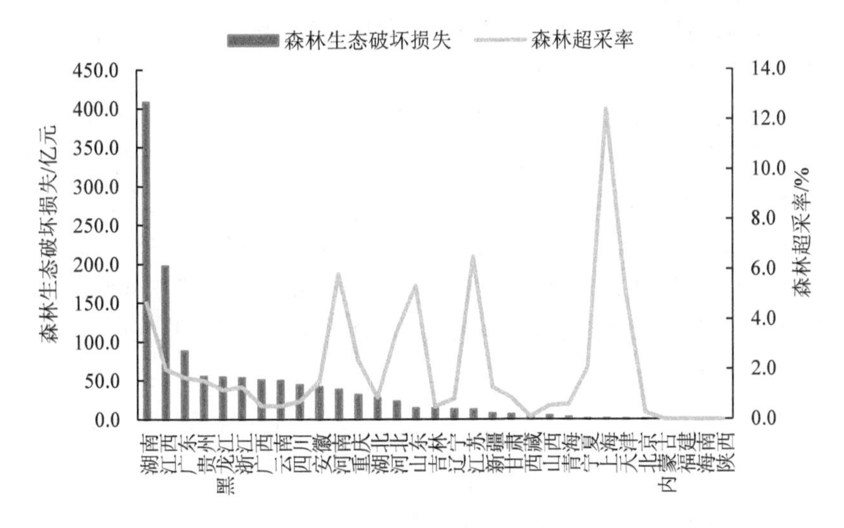

图 4-2　2015 年 31 个省份的森林生态破坏经济损失和超采率

4.2　湿地生态破坏损失

湿地与人类的生存、繁衍、发展息息相关，是自然界最富生物多样性的生态系统和人类最重要的生存环境之一，它不仅为人类的生产、生活提供多种资源，而且具有巨大的环境功能和效益，在抵御洪水、调节径流、蓄洪防旱、降解污染、调节气候、控制土壤侵蚀、美化环境等方面具有其他系统不可替代的作用，被称为地球之肾、物种贮存库、气候调节器。本书核算的湿地主要包括面积在 8 hm^2（含 8 hm^2）以上的近海与海岸湿地，湖泊湿地，沼泽湿地，人工湿地以及宽度在 10 m 以上、长度在 5 km 以上的河流湿地。

第二次全国湿地资源调查（2009—2013 年）结果表明，全国湿地总面积为 5 360.26 万 hm^2，湿地率为 5.58%。自然湿地面积为 4 667.47 万 hm^2，占 87.08%。自然湿地中，近海与海岸湿地面积为 579.59 万 hm^2，河流湿地面积为 1 055.21 万 hm^2，湖泊湿地面积为 859.38 万 hm^2，沼泽湿地面积为 2 173.29 万 hm^2。调查表明，我国目前河流湿地、湖泊湿地沼泽化，河流湿地转为人工库塘等情况突出，湿地受威胁压力进一步增大，威胁湿地生态状况的主要因子已从 10 年前的污染、围垦和非法狩猎三大因子转变为现在的污染、过度捕捞和采集、围垦、外来物种入侵以及基建占用五大因子，这些原因造成了我国自然湿地面积削减、功能下降。

本书的湿地生态破坏是指在人类活动的干扰下，由于人为因素造成的湿地生态系统的生态服务功能退化，以湿地重度威胁面积占湿地总面积的比例指标作为湿地生态系统的人为破坏率。根据核算结果，2015 年湿地生态破坏损失达到 3 967.7 亿元，占 2015 年全国 GDP 的 0.55%。湿地的固碳释氧、水流动调节、土壤保持、水质净化、大气环境净化、气候调节功能损失的价值量分别为 1.0 亿元、489.5 亿元、3.2 亿元、35.5 亿元、0.3 亿元和 3 437.8 亿元。在湿地生态破坏造成的各项损失中，气候调节的损失贡献率最大，占总经济损失的 86.65%（图 4-3）。

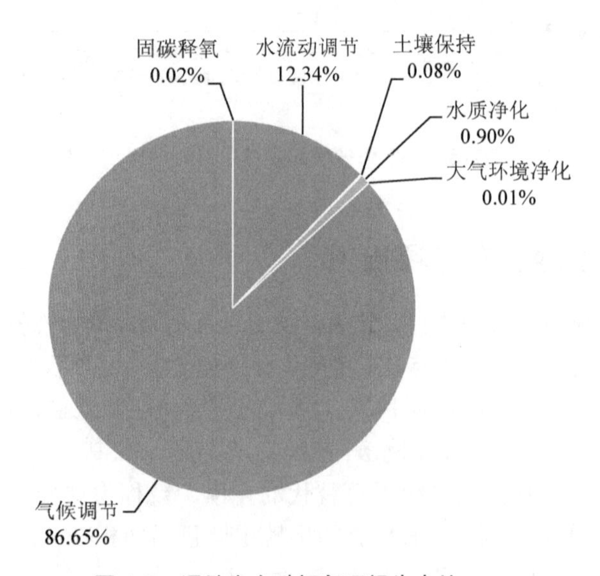

图 4-3　湿地生态破坏各项损失占比

受自然条件的影响，湿地类型的地理分布表现出明显的区域差异。从湿地生态破坏损失的地域分布看，2015 年青海省湿地生态破坏损失最高，为 1 543.8 亿元，占湿地总损失的 38.9%，其中气候调节服务功能损失最高，为 1 374.4 亿元，主要由于青海省湿地资源丰富，根据核算结果，青海湿地生态系统价值位于全国第二位，同时青海省的重度威胁面积占湿地总面积的比例较高，为 4.05%，位于全国第四；湖南、辽宁、江苏、河北、四川、广西、云南等省份的生态破坏损失也较高，均高于 100 亿元，其中河北、湖南、辽宁由于重度威胁面积占湿地总面积的比例较高（分别为 4.69%、4.60%和 4.05%），分别为全国第一位、第二位、第四位。黑龙江湿地生态系统破坏损失较

低，小于 1 亿元（图 4-4）。

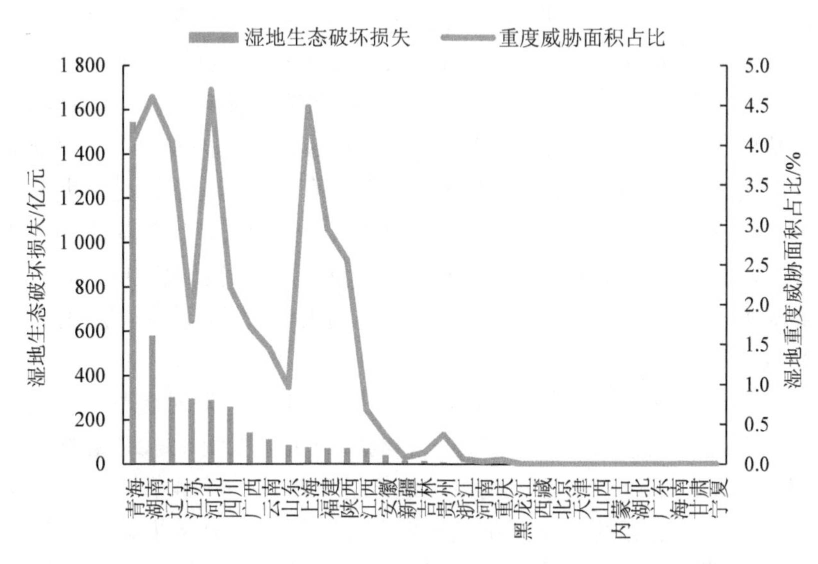

图 4-4　2015 年 31 个省份的湿地生态破坏经济损失和重度威胁面积占比

4.3　草地生态破坏损失

我国是草地资源大国，全国草原面积近 4 亿 hm^2，约占国土面积的 41.7%，是我国面积最大的陆地生态系统和绿色生态屏障，也是干旱、高寒等自然环境严酷、生态环境脆弱区域的主体生态系统。北方地区和西部是天然草原的主要分布区，西部 12 个省（区、市）的草原面积共 3.31 亿 hm^2，占全国草原面积的 84.2%，该区域气候干旱少雨、多风，冷季寒冷漫长，草原类型以荒漠化草原为主，生态系统十分脆弱，其中内蒙古、新疆、西藏、青海、甘肃和四川六大牧区省（区、市），草原面积共 2.93 亿 hm^2，占全国草原面积的 3/4；南方地区草原以草山、草坡为主，大多分布在山地和丘陵，面积约 0.67 亿 hm^2，该区域内牧草生长期长，产草量高，但草资源开发利用不足，部分地区面临石漠化威胁，水土流失严重。

2015 年全国草原监测报告显示，全国天然草原产草量略有增加，草原利用状况更趋合理。2015 年全国重点天然草原的牲畜超载率为 13.5%，比上年下降 1.7 个百分点。全国鼠害、虫害危害程度明显下降，2015 年，全国草原鼠害危害面积为 2 908.4 万 hm^2，约占全国草原总面积的 7.4%，危害面积较上年减少 16.5%。但由于我国草原主要分布在干旱半干旱区和高海拔地区，年际降水波动较大，而且一年之内不同时间、不同空间也存在较大的差异，特别容易受到干旱等极端气候灾害的影响。以 2015 年为例，六大牧区中，虽然新疆草原、四川草原中草的总体长势较好，但受夏季降水偏少影响，内蒙古中西部、西藏中部、青海南部以及甘肃部分地区草原发生大面积旱灾，部分草原旱情严重，从而造成六大牧区总产草量有所下降。这也进一步表明草原生态系统功能的恢复是一个长期的过程。目前，我国草原生态恢复还只是处于起步阶段，正在恢复的草原生态环境仍很脆弱，加之草原火灾、雪灾等自然灾害和鼠虫害等生物灾害频发，确保草原生态持续恢复的压力仍然较大。

草地生态破坏是在人类活动的干扰下，由于人为因素造成的草地生态系统的生态服务功能退化。影响草地生态系统生态退化的人为因素主要是不合理的草地利用，包括过度放牧、开垦草原、违法征占草地、乱采滥挖草原野生植被资源等。报告核算结果显示，2015 年我国草地生态系统的固碳释氧、水流动调节、土壤保持、大气环境净化、气候调节功能损失的价值量分别为 330.1 亿元、430.2 亿元、251.4 亿元、3.9 亿元和 380.9 亿元，合计 1 396.5 亿元。在草地生态破坏造成的各项损失中，水流动调节的贡献率最大，占总经济损失的 30.81%（图 4-5）。

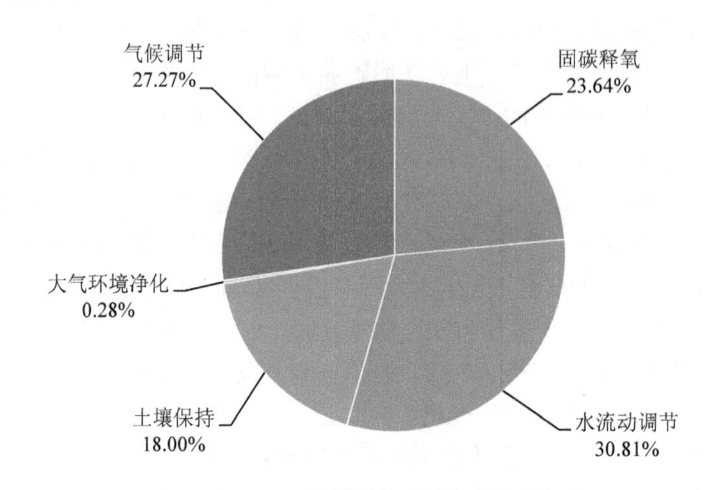

图 4-5　草地生态破坏各项损失占比

从草地生态破坏损失的地域分布看，2015 年西藏、内蒙古、新疆、四川、青海和云南等省份的草地生态破坏较为严重（图 4-6），其中四川、内蒙古、西藏和新疆的草原人为破坏率均高于其他省份（3.7%），分别为 4.17%、3.91%、4.62%和 4.37%，同时西藏主要是气候调节损失较大，内蒙古、新疆主要是水流动调节损失较大。湖北、宁夏、河南、吉林、浙江、辽宁、江苏、海南、北京、上海、天津等地草地生态破坏相对较轻，草地生态破坏损失不足 10 亿元。总体上，西北、西南地区是中国草地生态破坏损失的高值区域，主要表现为草地净初级生产力的下降和草地面积的减少。

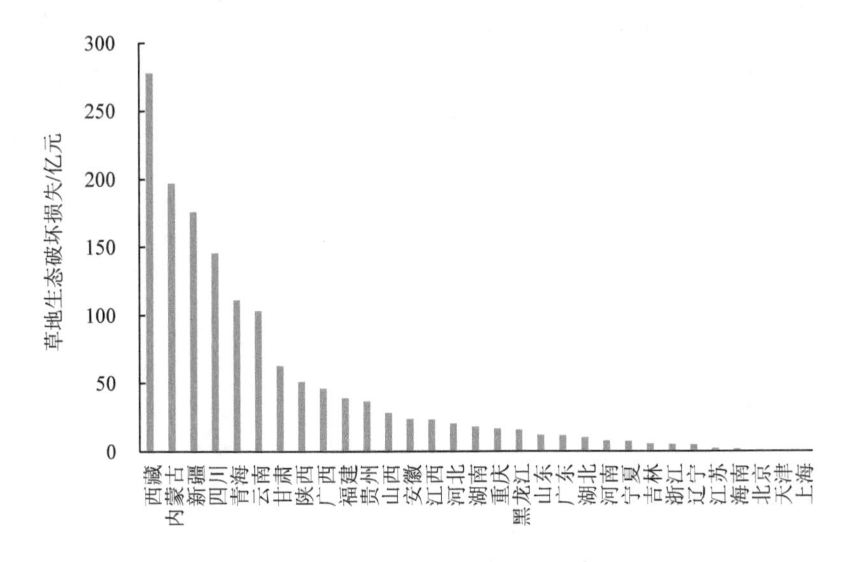

图 4-6　2015 年 31 个省份的草地生态破坏经济损失

4.4　总生态破坏损失

2015 年中国生态破坏损失的价值量为 6 603.4 亿元。其中森林、草地、湿地生态系统破坏损失的价值量分别为 1 239.1 亿元、1 396.5 亿元、3 967.7 亿元，分别占生态破坏损失总价值量的 18.8%、21.1%、60.1%。从各类生态系统破坏的经济损失看，湿地生态系统破坏的经济损失相对较大，其次是森林和草地生态系统。从各类生态服务功能破坏的经济损失看，2015 年固碳释氧、水流动调节、土壤保持、水质净化、大气环境净化、气候调节损失的价值量分别占生态破坏损失总价值量的 8.3%、22.2%、7.8%、0.5%、0.1%和 61.1%。其中气候调节功能破坏损失的价值量相对较大，其次是水流动调节和固碳释氧，环境净化（水质、大气）破坏损失的价值量相对较小。生态破坏会对生态系统的气候调节、水流动调节、固碳释氧和土壤保持等生态服务功能产生影响，进而破坏生态系统的稳定性。

从各省份生态破坏损失的价值量看，2015 年青海生态破坏损失价值最高，为 1 648.9 亿元，主要由于青海湿地人为破坏率较高，造成湿地生态系统损失价值较高，占其总生态破坏损失的 93.6%；湖南、四川、河北、辽宁、江苏等地生态破坏损失的价值量相对较大，分别为 1 003.3 亿元、444 亿元、331 亿元、318.5 亿元、309.0 亿元。重庆、河南、湖北、山西、吉林等地生态破坏损失的价值量相对较小，均不足 50 亿元；北京、天津、宁夏和海南生态破坏损失的价值量不足 10 亿元（图 4-7）。

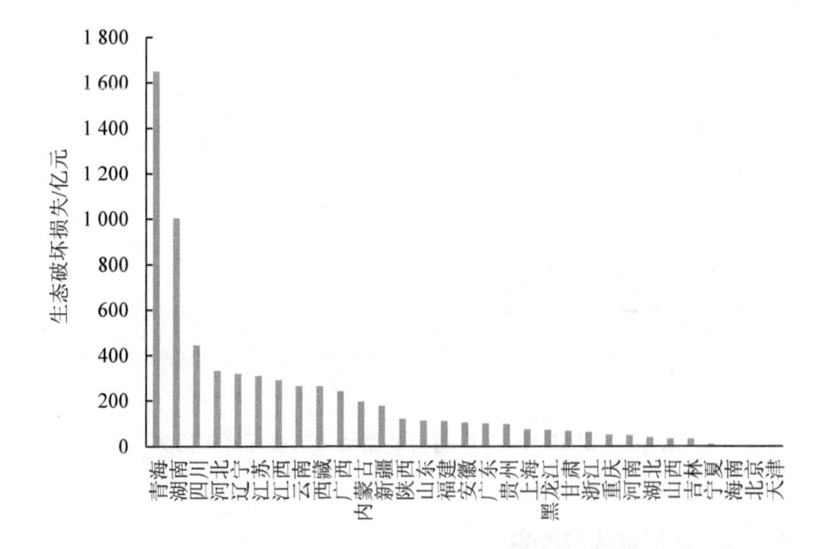

图 4-7　2015 年 31 个省份生态破坏损失

第5章
2015年GEP核算

生态系统生产总值（GEP）核算是分析与评价生态系统为人类生存与福祉提供的产品与服务的经济价值。GEP是生态系统产品价值、调节服务价值和文化服务价值的总和。根据生态系统服务功能评估的方法，GEP可以从生态系统功能量和生态经济价值量两个角度核算。本书利用中国科学院地理科学与资源研究所解译的2015年空间分辨率1km的土地利用数据，并结合MODIS NDVI数据，对我国2015年31个省份的森林、湿地、草地、荒漠、农田、城市、海洋等7大生态系统GEP进行核算。

5.1 不同生态系统GEP占比

2015年，我国GEP为70.6万亿元，绿金指数（GEP与GDP的比值）是0.98。从不同生态系统提供的生态服务价值来看，2015年，湿地生态系统的生态服务价值最大，为40.1万亿元；其次是森林生态系统，为9.3万亿元；草地生态系统的生态服务价值为6.6万亿元；农田生态系统的生态服务价值为5.8万亿元；荒漠和城市生态系统提供的生态服务价值较小，分别为0.29万亿元和0.03万亿元。从全部生态系统提供的不同生态服务价值来看，2015年，全部生态系统提供的产品供给服务价值为13.12万亿元，占比为18.6%；调节服务价值为49.7万亿元，占比为70.4%；文化服务价值为7.75万亿元，占比为11%。在调节服务中，气候调节服务价值最大，为33.5万亿元；其次是水流动调节，为9.38万亿元；固碳释氧价值合计为2.78万亿元（表5-1，图5-1）。

表 5-1　不同生态系统的生态服务价值量　　单位：亿元

生态服务类型	森林	草地	湿地	耕地	城市	荒漠	海洋	合计
产品供给	1 376.5	30 220.9	38 270.6	53 604.3	—	—	7 701.5	131 173.9
气候调节	18 430.3	9 041.2	307 690.1	×	×	×	—	335 161.6
固碳释氧	19 414.1	8 287.0	94.8	×	×	0.0	—	27 795.8
水质净化	—	—	2 302.8	—	—	—	—	2 302.8
大气环境净化	198.5	100.7	24.8	196.8	39.3	43.8	—	603.9
水流动调节	30 869.8	10 673.1	52 288.1	—	—	—	—	93 830.9
病虫害防治	71.5	×	×	—	—	—	—	71.5
防风固沙	346.8	1 435.6	56.4	223.9	27.9	1 350.7	—	3 441.3
土壤保持	21 945.3	6 354.7	244.6	3 945.1	212.6	1 473.3	—	34 175.6
文化服务	—	—	—	—	—	—	—	77 489.6

注：文化服务无法分解到不同生态系统，只有合计。大气环境净化服务以不同生态系统的面积为依据进行分解。×表示未评估，—表示不适合评估。

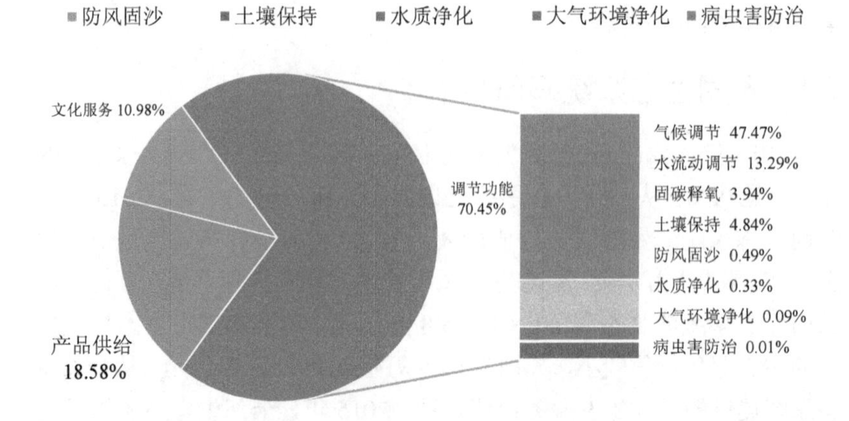

图 5-1　不同生态服务功能价值占比

5.2　不同省份 GEP 核算

2015 年，全国 GEP 较高的省份包括青藏高原的西藏和青海，东北地区的黑龙江，华北地区的内蒙古，华南地区的广东、湖北和西南地区的四川。除此之外，西北地区的新疆、华东地区的江苏、华中地区的湖南的 GEP 也都相对较高。西北地区的宁夏、华北的北京和天津、华东地区的上海、华南地区的海南等省份的 GEP 则相对较低（表 5-2）。从各省份 GEP 排序情况看（图 5-2），西藏 GEP 最高，达到 5.5 万亿元；其次是内蒙古，GEP 为 5.4 万亿元；黑龙江 GEP 为 5.38 万亿元；青海 GEP 为 4.23 万亿元。GEP 位于 3.0 万亿～3.9 万亿元的省份有广东、四川、湖北、湖南、江苏 5 个省份；GEP 位于 1.0 万亿～2.9 万亿元的省份有新疆、云南、江西、广西、山东、安徽、河南、浙江、辽宁、福建、吉林、河北、贵州、甘肃、陕西 15 个省份；山西、重庆、海南、北京、天津、上海和宁夏 7 个省份的 GEP 低于 1 万亿元。

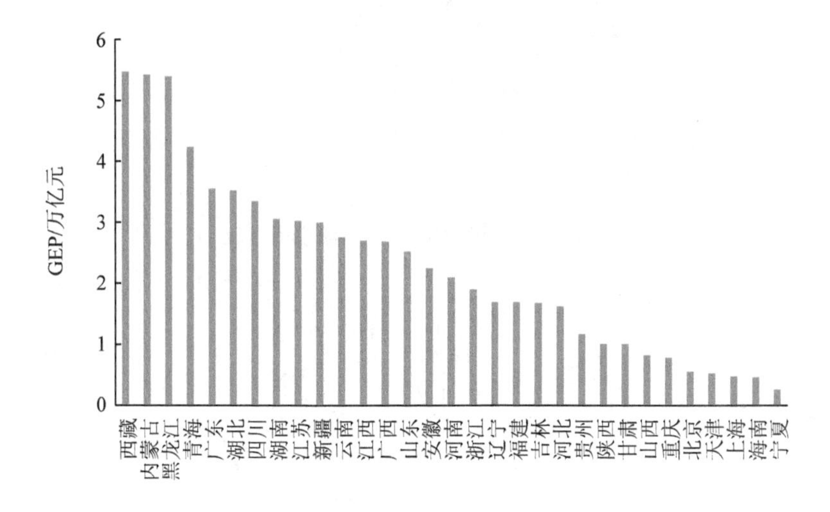

图 5-2　2015 年全国 31 个省份 GEP

GEP 较高的省份中，湿地、森林提供的 GEP 和单位面积 GEP 都相对较高。西藏、黑龙江、内蒙古、青海、广东湿地生态系统提供的 GEP 较高，分别占总 GEP 的 79.50%、82.77%、79.98%、90.67%、64.03%（图 5-3～图 5-7）。广东森林生态系统仅次于湿地生态系统，占比为 20.28%。从单位面积 GEP 看，GEP 最高的 5 个省份中，湿地单位面积提供的 GEP 都是最高的。西藏、黑龙江、内蒙古、广东和青海湿地单位面积 GEP 分别为 0.47 亿元/km^2、0.87 亿元/km^2、0.67 亿元/km^2、2.44 亿元/km^2 和 0.82 亿元/km^2，广东湿地单位面积的 GEP 最大。西藏草地单位面积 GEP 为 0.01 亿元/km^2，相对较低。内蒙古、黑龙江和青海森林单位面积 GEP 较低，均为 0.02 亿元/km^2。

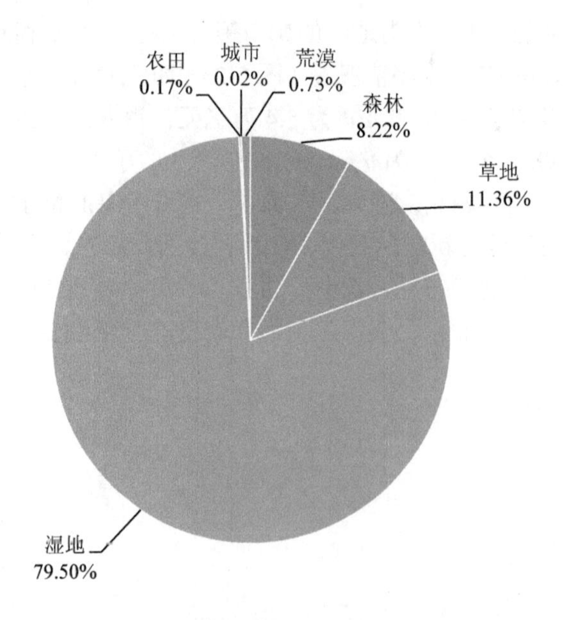

图 5-3　西藏不同生态系统价值占比

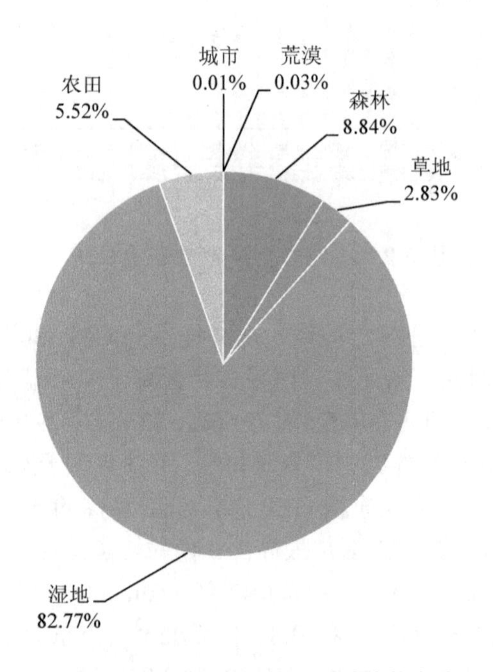

图 5-4　黑龙江不同生态系统价值占比

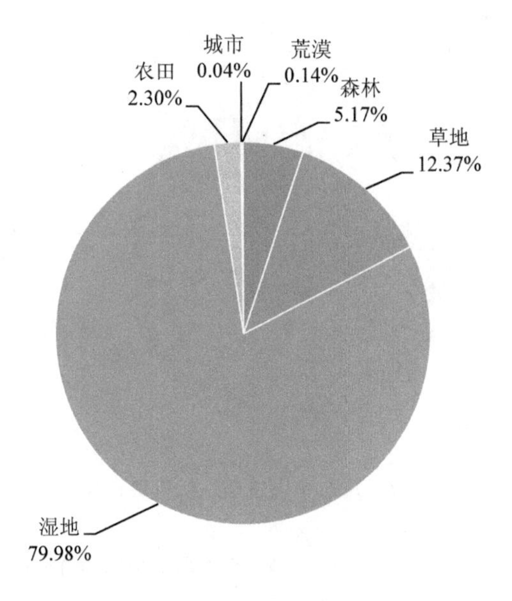

图 5-5 内蒙古不同生态系统价值占比

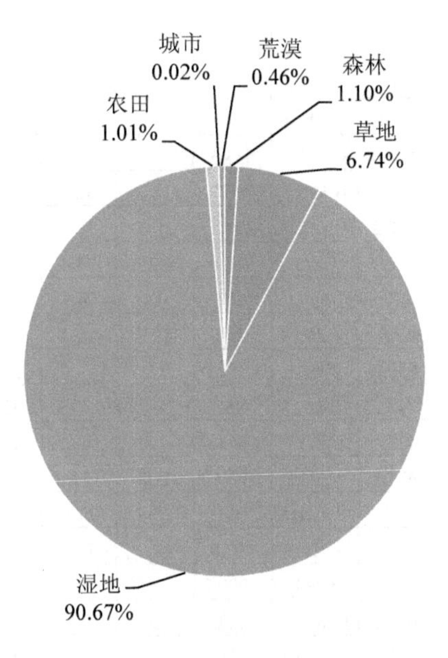

图 5-6 青海不同生态系统价值占比

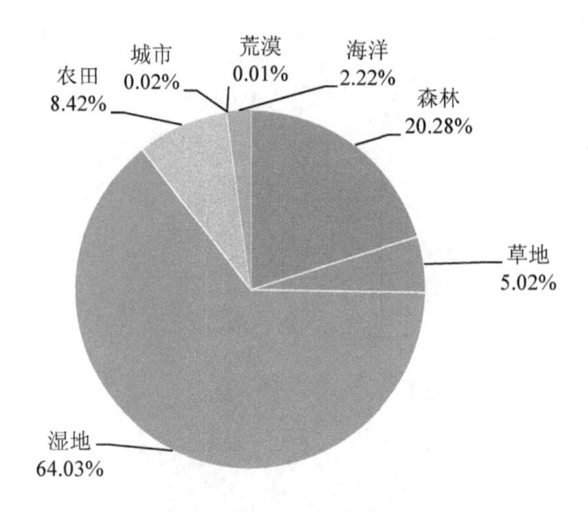

图 5-7 广东不同生态系统价值占比

表 5-2 2015 年 31 个省份不同生态服务功能价值核算

单位：亿元

省份	产品供给	固碳释氧	水流动调节	气候调节	土壤保持	防风固沙	水质净化	大气环境净化	病虫害防治	文化服务
北京	1 377.7	32.0	176.4	629.9	23.1	2.5	1.6	2.9	0.2	3 223.9
天津	835.0	3.2	127.6	2 258.9	3.8	1.7	3.7	4.7	0.0	1 956.7
河北	6 346.1	321.7	1 100.6	5 771.3	174.5	28.5	8.3	23.7	2.9	2 402.8
山西	2 062.5	365.9	750.4	2 398.4	170.8	27.4	1.8	33.2	1.0	2 413.1
内蒙古	4 819.6	2 170.1	11 925.8	32 930.3	533.3	143.2	41.9	56.7	7.7	1 579.6
辽宁	5 001.2	452.7	1 999.9	6 525.7	206.7	14.7	32.0	29.3	4.6	2 628.9
吉林	2 915.9	645.2	2 878.2	8 342.0	271.6	19.5	20.8	19.0	2.3	1 620.6
黑龙江	4 685.3	1 350.4	10 959.9	35 275.7	510.6	36.3	94.4	23.9	4.6	953.0
上海	572.4	1.1	34.7	1 590.7	2.5	0.1	24.0	9.5	0.0	2 453.2
江苏	7 178.0	37.7	263.0	16 295.1	65.0	11.8	70.7	28.3	0.1	6 318.6
浙江	4 699.1	704.0	2 859.3	3 983.5	1 582.0	1.2	94.6	20.4	1.1	4 997.6
安徽	5 036.5	374.0	3 043.6	10 151.9	785.7	16.2	129.1	13.3	2.6	2 884.2
福建	6 032.9	1 004.5	2 413.2	2 393.2	2 656.8	1.9	143.8	19.9	2.2	2 198.4
江西	3 502.6	1 038.4	7 671.4	9 872.8	2 200.2	2.0	121.3	18.6	3.2	2 546.3
山东	10 594.7	149.1	990.2	8 270.9	150.2	25.9	21.4	28.6	0.2	4 941.9
河南	8 516.3	196.8	1 471.6	6 316.9	187.8	39.7	41.8	21.3	2.8	4 136.3
湖北	6 318.9	843.0	4 633.0	19 294.6	1 009.2	21.5	90.9	12.6	3.3	3 016.8
湖南	5 851.7	1 262.8	6 692.0	11 831.3	2 062.5	4.0	228.7	13.3	3.6	2 598.9
广东	10 755.0	1 194.5	2 865.2	11 102.5	2 156.8	5.5	105.8	44.9	2.1	7 257.4
广西	5 144.6	1 746.8	6 279.5	7 469.2	3 594.1	5.8	270.0	20.2	2.9	2 277.9
海南	985.7	342.7	326.6	2 229.5	249.1	1.5	23.1	3.2	0.1	400.7
重庆	2 407.3	413.6	855.5	1 715.2	841.8	7.9	20.5	11.6	2.0	1 575.9

省份	产品供给	固碳释氧	水流动调节	气候调节	土壤保持	防风固沙	水质净化	大气环境净化	病虫害防治	文化服务
四川	7 032.1	2 836.7	3 213.8	11 289.1	4 277.4	183.4	275.5	13.5	6.0	4 360.7
贵州	2 507.4	1 211.1	1 927.4	1 643.1	1 782.0	13.5	107.4	15.9	1.5	2 459.3
云南	4 833.9	4 406.8	3 876.6	7 499.9	4 391.4	49.7	212.3	24.5	5.2	2 295.9
西藏	227.6	1 744.9	5 227.0	43 897.5	2 371.6	1 009.4	8.3	1.4	2.4	201.3
陕西	2 571.8	750.5	663.0	3 081.9	802.6	40.4	29.6	23.6	3.1	2 104.0
甘肃	1 876.5	817.0	1 016.6	5 093.6	370.0	146.5	35.4	18.6	1.0	683.2
青海	505.3	641.8	4 624.8	35 313.6	553.8	485.8	12.6	5.2	0.5	173.6
宁夏	835.1	70.8	149.5	1 355.1	16.3	10.4	13.2	16.3	0.0	112.9
新疆	5 145.2	665.8	2 814.7	19 338.1	172.3	1 083.6	18.4	25.9	2.3	715.8

5.3 主要指标分析

5.3.1 气候调节

2015年，气候调节总价值为33.5万亿元，占GEP总价值的47.5%；其中，森林生态系统气候调节价值为1.8万亿元，占气候调节总价值的5.4%；草地为0.9万亿元，占气候调节总价值的2.7%；湿地生态系统的气候调节价值为30.8万亿元，占气候调节总价值的91.9%（图5-8）。全国气候调节价值较高的省份有4个，分别为西藏（4.4万亿元）、内蒙古（3.3万亿元）、黑龙江（3.5万亿元）、青海（3.5万亿元）。而华东大部、华北地区的气候调节价值则相对较小（图5-9）。

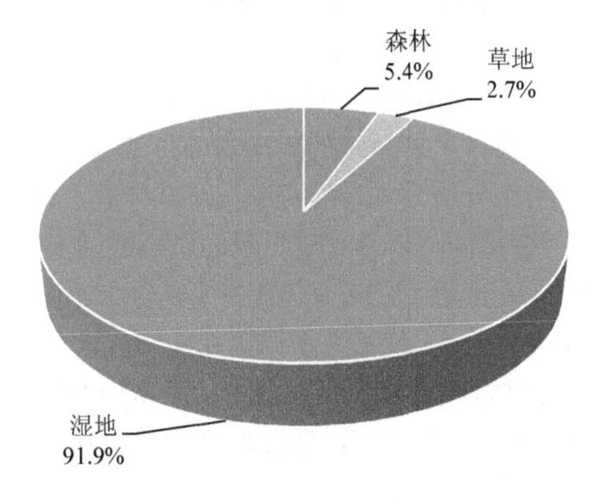

图5-8　各生态系统气候调节价值占比

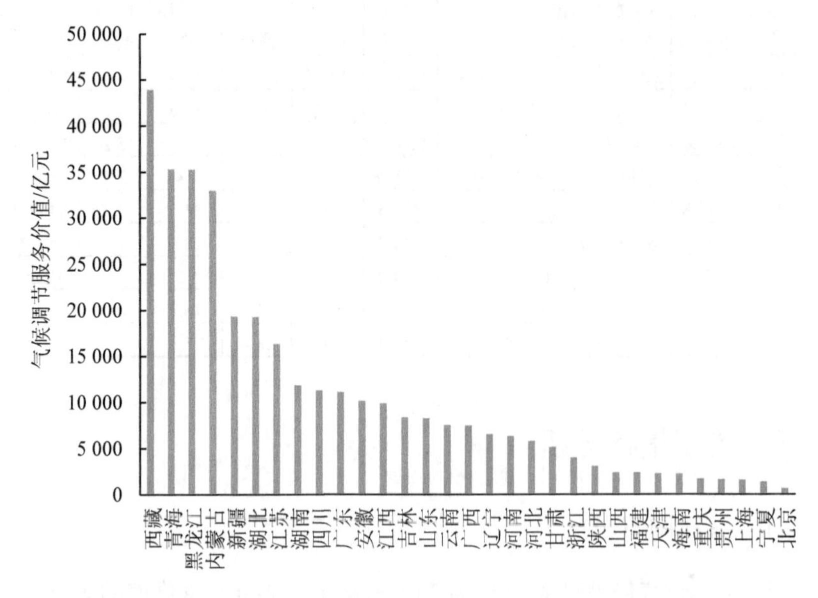

图 5-9　2015 年我国 31 个省份生态系统气候调节价值

5.3.2　水流动调节

水流动调节由水源涵养和洪水调蓄两部分组成。其中水源涵养价值是生态系统通过吸收、渗透降水，增加地表有效水的蓄积，有效涵养土壤水分、缓和地表径流和补充地下水、调节河川流量而产生的生态效应。本书主要计算了森林生态系统和草地生态系统的水源涵养价值，2015 年，我国森林和草地的水源涵养价值为 4.2 万亿元（图 5-10），其中，森林生态系统的水源涵养价值为 3.1 万亿元，草地生态系统的水源涵养价值为 1.1 万亿元，我国水源涵养价值呈现自东南向西北递减的空间趋势，江西（0.67 万亿元）、湖南（0.51 万亿元）、广西（0.44 万亿元）、西藏（0.26 万亿元）等省份水源涵养价值较大，占全国水源涵养价值的 45.2%。洪水调蓄功能指湿地生态系统（湖泊、水库、沼泽等）通过蓄积洪峰水量，削减洪峰从而减轻河流水系洪水威胁产生的生态效应。2015 年，我国湿地生态系统的洪水调蓄价值为 5.2 万亿元。

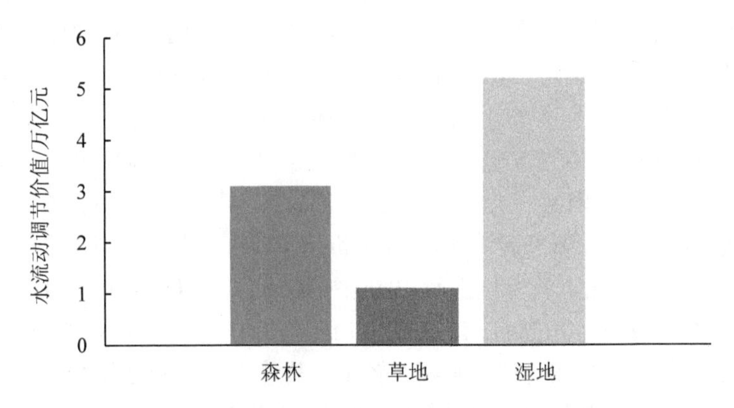

图 5-10　2015 年不同生态系统的水流动调节价值

从各省份的水流动调节看，内蒙古（1.19 万亿元）、黑龙江（1.10 万亿元）、江西（0.77 万亿元）、湖南（0.67 万亿元）、广西（0.63 万亿元）5 个省份的水流动调节价值较大，占全国水流动调节价值的 46.4%。这 5 个省份中内蒙古、黑龙江水流动调节价值主要来自湿地系统的洪水调蓄，其他省份水流动调节价值主要来自森林和草地生态系统的水源涵养。上海、天津、北京和宁夏等省份的水流动调节价值相对较低，均在 0.03 万亿元以下（图 5-11）。

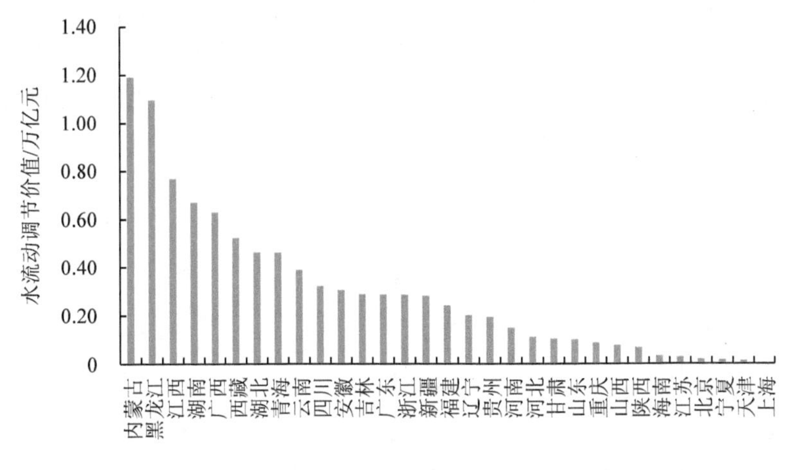

图 5-11　2015 年我国 31 个省份水流动调节价值

5.3.3　固碳释氧

2015 年，我国生态系统共固碳 29.3 亿 t，释放氧气 25.06 亿 t，其中，森林生态系统固碳 20.44 亿 t，释氧 15.14 亿 t；草地生态系统固碳 8.73 亿 t，释氧 6.46 亿 t；湿地生态系统固碳 0.10 亿 t，释氧 0.07 亿 t。利用 2015 年各省份的碳交易价格计算固碳价值量，全国生态系统固碳价值量为 772.0 亿元。云南（122.4 亿元，15.9%）、四川（78.8 亿元，10.2%）、内蒙古（60.3 亿元，7.8%）、广西（48.5 亿元，6.3%）、西藏（48.5 亿元，6.3%）等地的固碳价值量较大，占我国固碳总价值量的 46.4%。而上海（0.03 亿元，0.004%）、天津（0.09 亿元，0.01%）、北京（0.89 亿元，0.12%）、江苏（1.05 亿元，0.14%）、宁夏（1.97 亿元，0.25%）等地的固碳价值量则相对较少，其总和占比仅约为 0.52%。

按照《森林生态系统服务功能评估规范》（GB/T 38582—2020）中推荐的氧气价格，依据消费者物价指数（CPI）折算到 2015 年，得到全国生态系统释氧价格为 27 023.8 亿元。云南（4 284.4 亿元，15.9%）、四川（2 758.0 亿元，10.2%）、内蒙古（2 109.9 亿元，7.8%）、广西（1 698.3 亿元，6.3%）、西藏（1 696.5 亿元，6.3%）等地的释氧价值量较大，占我国释氧总价值量的 46.4%。而上海（1.1 亿元，0.004%）、天津（3.1 亿元，0.01%）、北京（30.1 亿元，0.12%）、江苏（36.7 亿元，0.14%）、宁夏（68.9 亿元，0.25%）等地的释氧价值量则相对较少，其总和占比仅约为 0.52%。

我国生态系统的固碳释氧的价值量的分布与植被净初级生产力（NPP）密切相关，固碳释氧价值量较高的地区主要分布在森林密集地区，如长江沿岸及长江以南的大部分地区，东北部分地区的固碳释氧价值量较高（图 5-12）。

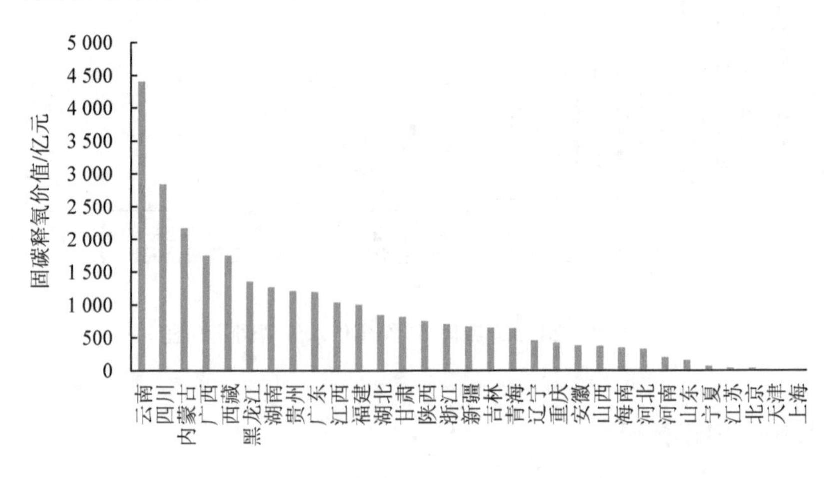

图 5-12　2015 年各省份固碳释氧价值

5.3.4　土壤保持

我国降雨集中，山地丘陵面积比重高，是世界上土壤侵蚀最严重的国家之一，我国每年约有 50 亿 t 泥沙流入江河湖海，其中 62%左右来自耕地表层，森林和农田生态系统在土壤保持方面发挥着重要作用。2015 年，生态系统土壤保持功能价值为 3.40 万亿元，占 GEP 的比重为 4.8%。其中，森林生态系统为 2.2 万亿元，占比为 64.7%；草地生态系统为 0.6 万亿元，占比为 17.6%；湿地生态系统为 0.02 万亿元，占比为 0.6%。

全国土壤保持价值较高的省份有 8 个，分别是云南、四川、广西、福建、西藏、江西、广东和湖南。除此之外，贵州也有相对较高的土壤保持价值，而华北大部分地区土壤保持价值相对较低。从各省份土壤保持价值排序情况来看，云南的生态系统土壤保持价值最高，达到 4 391 亿元；其次是四川和广西，生态系统土壤保持价值分别为 4 277 亿元和 3 594 亿元。生态系统土壤保持价值位于 2 000 亿～3 000 亿元的省份有西藏、湖南、江西、广东和福建，生态系统土壤保持价值位于 1 000 亿～2 000 亿元的省份有浙江、贵州和湖北，生态系统土壤保持价值低于 100 亿元的省份有江苏、宁夏、北京、天津和上海 5 个省份（图 5-13）。

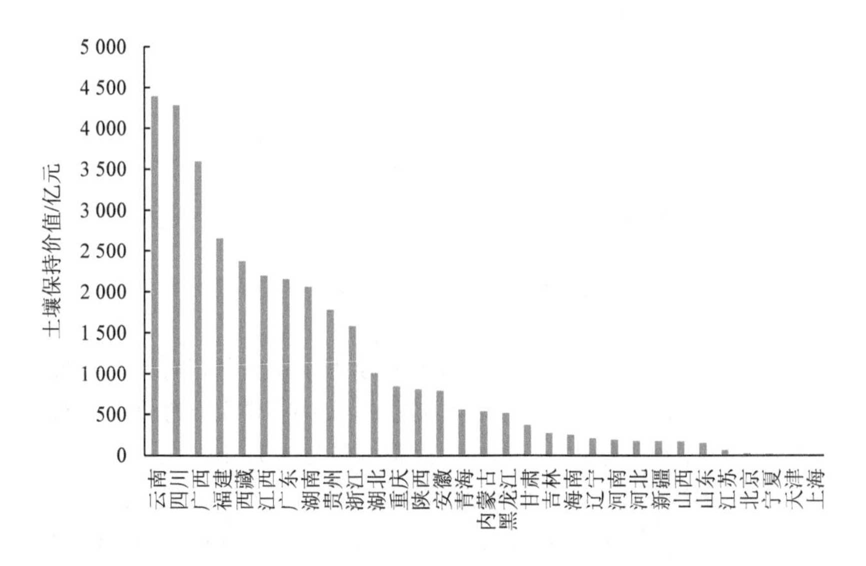

图 5-13　2015 年我国 31 个省份土壤保持价值

5.4 GEP 核算综合分析

采用单位面积 GEP 和人均 GEP 两个指标，对 GEP 进行综合分析。GEP 作为生态系统为人类提供的产品与服务价值的总和，其大小与不同生态系统的面积有直接关系，利用单位面积 GEP 这个相对指标更能反映区域实际提供生态服务的能力。单位面积 GEP 最高的省份主要有上海（7 441.8 万元/km^2）、天津（4 597.6 万元/km^2）、北京（3 256.0 万元/km^2）、江苏（2 950.1 万元/km^2）、广东（1 971.6 万元/km^2），上海、北京、天津等省份的 GEP 虽然相对较小，但因其面积也比较小，因此其单位面积的 GEP 相对较高。单位面积 GEP 较低的省份主要有新疆（180.6 万元/km^2）、甘肃（221.4 万元/km^2）和宁夏（388.5 万元/km^2）等西部地区省份（图 5-14）。

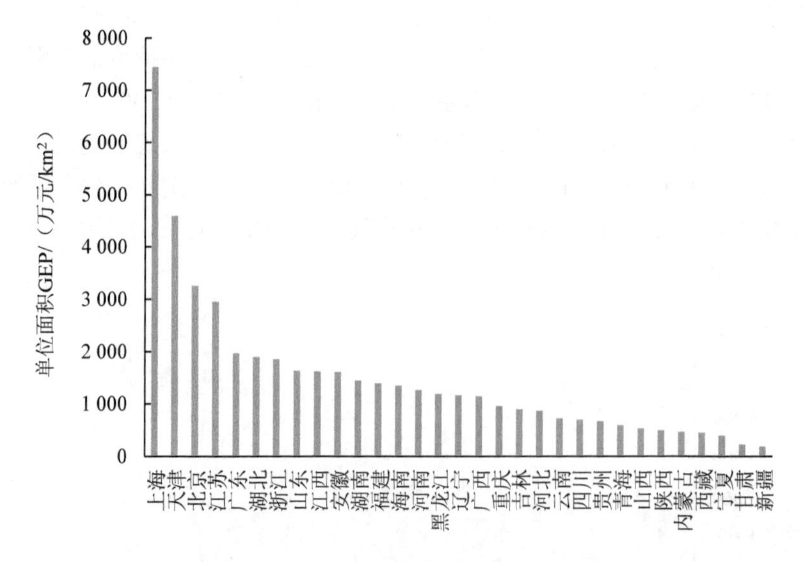

图 5-14　31 个省份单位面积的 GEP

人口相对较少，但自然生态系统提供的生态服务相对较大的西部地区，其人均 GEP 相对较高。人均 GEP 较高的省份主要有西藏（168.8 万元/人）、青海（71.9 万元/人）、内蒙古（21.6 万元/人）。人均 GEP 较低的省份主要有上海（1.94 万元/人）、河北（2.18 万元/人）、河南（2.21 万元/人）、山西（2.24 万元/人）（图 5-15）。从绿金指数（GEP/GDP）来看，绿金指数大于 1 的省份有 16 个，主要分布在西部地区。绿金指数较高的省份主要有西藏（53.3）、青海（17.5）、黑龙江（3.6）、新疆（3.2）和内蒙古（3.0）。西藏和青海位于我国青藏高原，经济发展相对较弱，但生态服务价值相对较大。绿金指数小于 0.4 的省份主要有上海（0.19）、北京（0.24）、天津（0.31）（图 5-16）。

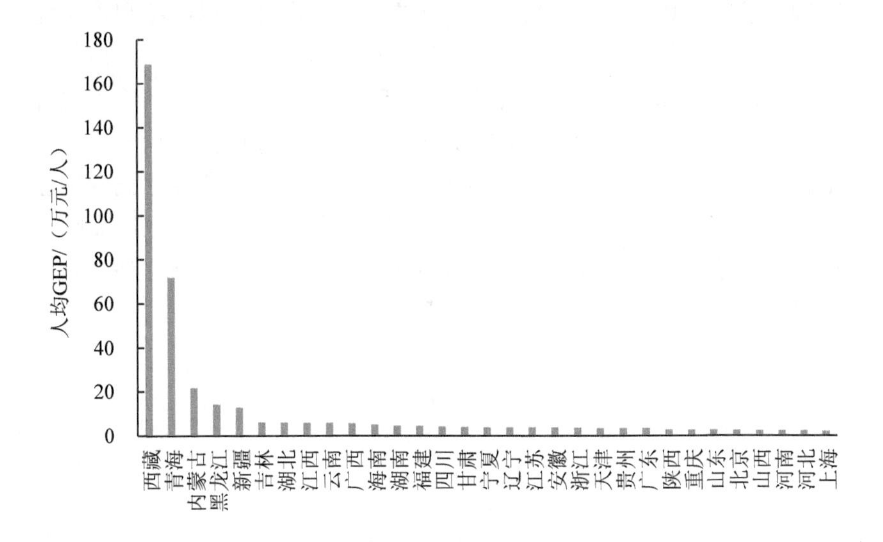

图 5-15　31 个省份人均 GEP

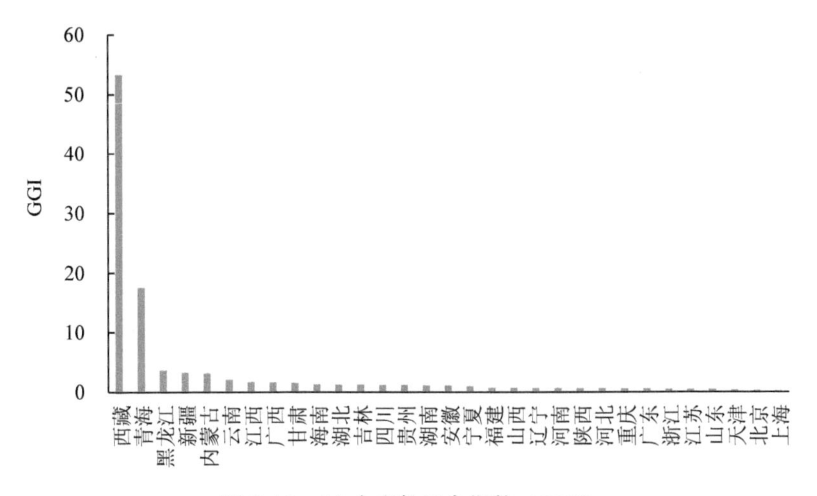

图 5-16　31 个省份绿金指数（GGI）

从 GEP 核算的角度看，大、小兴安岭森林生态功能区，三江源草原草甸湿地生态功能区，藏东南高原边缘森林生态功能区，若尔盖草原湿地生态功能区，南岭山地森林及生物多样性生态功能区，呼伦贝尔草原草甸生态功能区，科尔沁草原生态功能区，川滇森林及生物多样性生态功能区，三江平原湿地生态功能区等国家重点生态功能区的生态服务价值相对较大，但按照主体功能区划要求，这些地区都是限制开发区，其社会经济发展水平严重受限。其中，以西藏和青海为主体的生态功能区，无论是 GEP 还是人均 GEP 都相对较高。但其经济落后，西藏和青海绿金指数分别为 53.3 和 17.5，远远高于其他省份（图 5-16）。这些地区需以 GEP 核算为基础，像保护眼睛一样保护生态环境，像对待生命一样对待生态环境。同时，也需要寻找变生态要素为生产要素、变生态财富为物质财富的道路，提高绿色产品的市场供给，争取国家的生态补偿，完善社会经济发展的考核评估体系，实现“绿水青山就是金山银山”的重要转变。

第6章 2015年GEEP核算

经济生态生产总值（Gross Economic-Ecological Product，GEEP）是在经济系统生产总值的基础上，考虑人类在经济生产活动中对生态环境的损害和生态系统给经济系统提供的福祉。即在绿色GDP核算的基础上，增加生态系统给人类提供的生态福祉。其中，生态环境的损害主要用人类活动对生态系统的破坏损失和环境的污染损失成本表示，生态系统给人类提供的福祉用GEP表示，因GEP中的产品供给服务和文化服务价值已在GDP中进行了核算，为减少重复，需进行扣除。

6.1 生态环境损失成本核算结果

生态环境损失成本核算主要包括生态破坏损失核算和污染损失成本核算两部分。2015年，我国生态破坏损失为6 603.4亿元，森林、草地、湿地生态系统破坏的价值量分别为1 239.1亿元、1 396.5亿元、3 967.7亿元，分别占生态破坏损失总价值量的18.8%、21.1%、60.1%。从各类生态系统破坏的经济损失看，湿地生态系统破坏的经济损失相对较大，其次是森林生态系统和草地生态系统。湿地是自然界最富生物多样性的生态系统和人类最重要的生存环境之一，被称为“地球之肾”的湿地在抵御洪水、调节径流、调节气候、防治侵蚀等方面具有其他生态系统不可替代的作用。第二次全国湿地资源调查（2009—2013年）结果表明，全国湿地总面积为5 360.26万hm^2，湿地率为5.58%，其中，自然湿地面积4 667.47万hm^2。调查表明，我国目前河流、湖泊湿地沼泽化，河流湿地转为人工库塘等情况突出，湿地受威胁压力进一步增大，威胁湿地生态状况的主要因子已从10年前的污染、围垦和非法狩猎三大因子转变为现在的污染、过度捕捞和采集、围垦、外来物种入侵、基建占用五大因子，这些原因造成了我国自然湿地面积削减、功能下降。

2015 年，我国污染损失成本为 20 179.1 亿元，其中，水污染损失成本为 8 277.7 亿元，大气污染损失成本为 11 402.6 亿元，固体废物占地损失为 375.6 亿元。大气污染损失成本和水污染损失成本是我国污染损失成本主要的组成部分，占比分别为 56.5%和 41%。从空间尺度看，我国东部地区的污染损失成本较大，占总污染损失成本的 53.7%。河北（1 993.7 亿元）、山东（1 992.7 亿元）、江苏（1 763.1 亿元）、河南（1 564.8 亿元）、广东（1 199.5 亿元）、浙江（1 019.2 亿元）等省份的污染损失成本较高，占全国污染损失成本的 42.3%。除河北、河南外，这些省份都位于我国东部沿海地区。云南（288.4 亿元）、新疆（217.7 亿元）、宁夏（172.7 亿元）、青海（85.6 亿元）、西藏（48.2 亿元）、海南（35.0 亿元）等省份的污染损失成本较低，占全国污染损失成本的 4.2%。这些省份除环境质量本底值好的海南省外，其他都位于西部地区（图 6-1）。

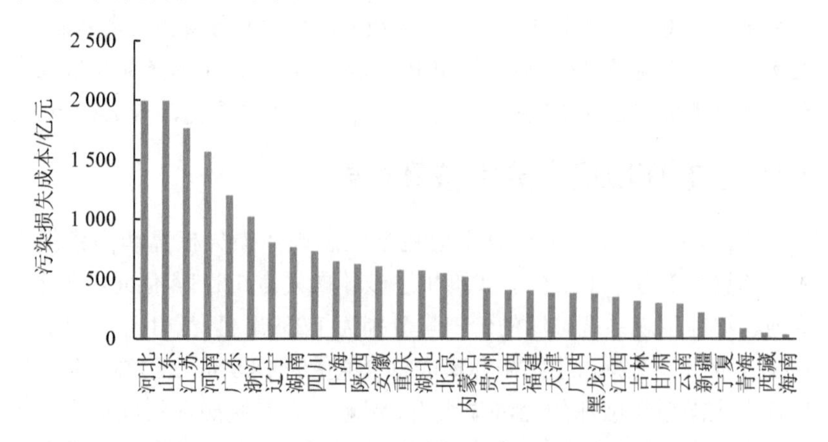

图 6-1　2015 年我国 31 个省份污染损失成本

6.2　生态系统调节服务核算结果

2015 年，生态系统调节服务价值为 49.7 万亿元，从具体的生态系统调节服务指标看，气候调节服务价值量大，占比为 47.5%，其次是水流动调节，占比为 13.3%，固碳释氧占比为 3.94%，土壤保持占比为 4.84%。在气候调节服务价值中，湿地生态系统的气候调节服务价值大，为 20.25 万亿元。其次是森林生态系统和草地生态系统，占比分别为 25.3%和 10.8%。2015 年，我国森林生态系统和草地生态系统的水源涵养价值为 7.23 万亿元，其中，森林生态系统的水源涵养价值为 5.39 万亿元，草地生态系统的水源涵养价值为 1.85 万亿元。

生态系统调节服务价值较高的省份主要有青藏高原的西藏和青海、东北地区的黑龙江、华北地区的内蒙古。西北地区的宁夏，华北的北京、天津和山西，华东地区的上海，华南地区的海南等省份则相对较低。2015 年，我国西藏生态系统调节服务价值为 54 262.5 亿元，黑龙江为 48 255.9 亿元，内蒙古为 47 809.1 亿元，青海为 41 638.1 亿元（图 6-2）。在生态系统调节服务价值高的省份中，湿地、森林提供的生态系统调节服务价值和单位面积生态系统调节服务价值都相对较高，内蒙古、黑龙江、西藏湿地生态系统提供的生态系统调节服务价值较高，分别占本省生态系统调节服务价值的 80.1%、82.7%、79.1%。

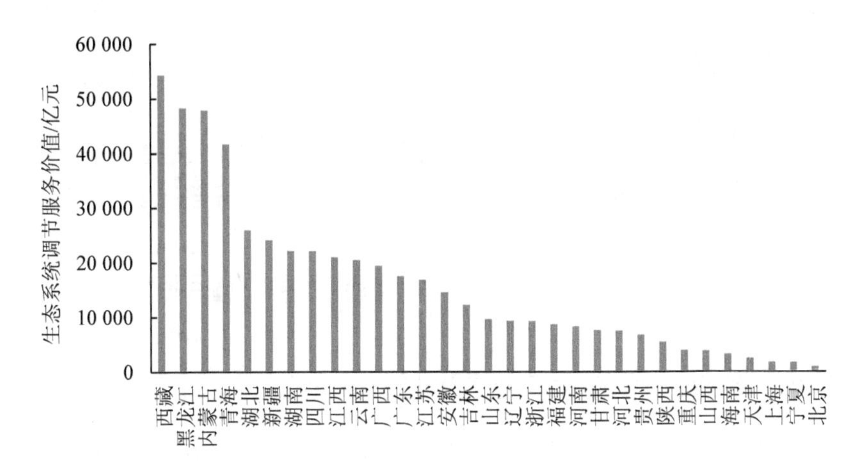

图 6-2　2015 年 31 个省份生态系统调节服务价值

6.3　经济生态生产总值核算结果

2015 年，我国经济生态生产总值（GEEP）是 119.3 万亿元。其中，GDP 为 72.3 万亿元，生态破坏成本为 0.66 万亿元，污染损失成本为 2 万亿元，生态系统生态调节服务价值为 49.7 万亿元。生态系统生态调节服务对经济生态生产总值的贡献大，占比为 41.7%；生态系统破坏成本和污染损失成本占比约为 2.2%。

从相对量来看，2015 年我国单位面积 GEEP 为 1 241.9 万元/km^2，人均 GEEP 为 8.7 万元/人，是人均 GDP 的 1.7 倍。西藏、青海、内蒙古、黑龙江和新疆等省份是我国人均 GEEP 较高的省份，这 5 个省份的人均 GEEP 都超过 14 万元/人（图 6-3）。这 5 个省份的人均 GEEP 是其人均 GDP 的 3 倍以上，尤其是西藏和青海，其人均 GEEP 是人均 GDP 的 17 倍以上。除黑龙江外，其他 4 个省份都分布在我国西部地区，属于地广人稀、生态功能突出，但生态环境脆弱敏感的地区。

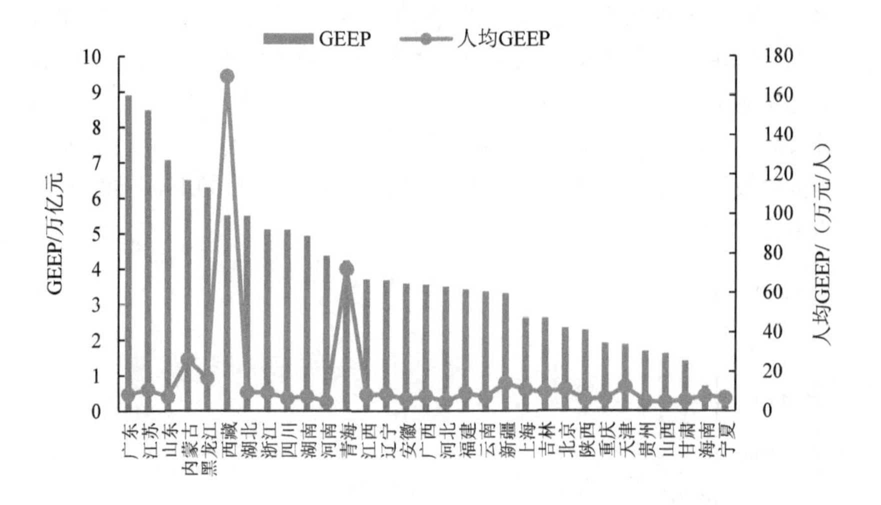

图 6-3 2015 年我国 31 个省份 GEEP 与人均 GEEP

6.4 经济生态生产总值空间分布

从东部、中部、西部 3 个区域看，2015 年，我国东部、中部和西部 GDP 占全国 GDP 的比重分别为 55.6%、24.4%和 20.0%。而东部、中部和西部 GEEP 占全国 GEEP 的比重分别为 39.9%、27.3%和 32.8%。我国西部地区 GEEP 占比明显高于 GDP 占比。西部地区是我国重要的生态屏障区，不仅是大江大河的源头，更是我国生态屏障区，第一批国家重点生态功能区中，有 67%都分布在西部地区。生态系统提供的生态服务价值大，环境污染损失又相对少。我国环境污染损失主要分布在东部地区，占比为 53.7%，西部地区占比为 21.7%。在一正一负的拉锯下，西部地区的经济生态生产总值提高很大，占比已接近东部地区。我国东部的广东、山东、江苏、浙江等省份的 GEEP 大，占比为 24.8%。

党的十九大报告提出，中国特色社会主义进入新时代，我国社会主要矛盾已经转化为人民日益增长的美好生活需要和不平衡不充分的发展之间的矛盾。我国经济发展不平衡，区域之间经济差异大。联合国有关组织提出的基尼系数规定，低于 0.2，收入绝对平均；0.2～0.3，收入比较平均；0.3～0.4，收入相对合理；0.4～0.5，收入差距较大；0.5 以上，收入差距悬殊。基尼系数假定一定数量的人口按收入由低到高顺序排队，分为人数相等的 n 组，从第 1 组到第 i 组人口累计收入占全部人口总收入的比重为 w_i，利用定积分的定义把洛伦兹曲线的积分分成 n 个等高梯形，对梯形面积之和进行计算。本书根据 31 个省份 GDP 和人口两个指标，计算我国区域基尼系数，2015 年基于 GDP 计算的区域基尼系数为 0.55，基于 GEEP 计算的区域基尼系数为 0.49。如果采用 GEEP 进行一个地区的经济生态生产总值核算，我国的区域差距将趋于缩小。当然，这个前提需要把生态系统的生态调节服务的价值市场化。

6.5　不同核算体系下的省份排名变化

对比分析我国 31 个省份 GDP 与 GGDP、GDP 与 GEEP 的排名情况，发现我国省份的排名变化幅度逐步增加。GGDP 核算是在 GDP 核算的基础上，扣减了生态破坏损失和污染损失成本。对比分析我国 31 个省、自治区、直辖市 GGDP 和 GDP 排序可知，除个别省份外，多数省份的 GGDP 与 GDP 排名基本一致（图 6-4）。河北由于环境污染损失严重，生态环境损失占 GDP 的比重为 7.2%，导致 GGDP 排名比 GDP 排名降低了 2 位，由 GDP 排名第 7 位降低到 GGDP 排名的第 9 位。湖南（由第 9 位变成第 10 位）、江西（由第 18 位变成第 19 位）、四川（由第 6 位变成第 7 位）等省份 GGDP 排名相对 GDP 排名分别降低 1 位。天津、西藏、湖北、辽宁在 GGDP 中的排名比 GDP 排名有所上升，天津由 GDP 排名的第 19 位上升到 GGDP 排名的第 18 位，辽宁由 GDP 排名的第 10 位上升到 GGDP 排名的第 8 位，湖北由 GDP 排名的第 8 位上升到 GGDP 排名的第 6 位。

GEEP 核算是在 GGDP 核算的基础上，增加了生态系统给人类经济系统提供的生态服务价值。由于生态系统提供的生态服务价值较大，生态系统分布的省份不均衡性，导致我国 31 个省份 GEEP 排名和 GDP 排名相比，变化幅度较大。除了广东、江苏、山东、吉林等 4 个省份的排序没有变化外，其他省份的排序都有所变化（图 6-5）。GEEP 核算体系对于生态面积大、生态功能突出的省份排序有利，对于生态面积小、生态环境成本高的地区排序不利。GEEP 排名比 GDP 排名降低幅度大的省份主要有北京、上海、陕西、福建、天津、河北、河南等省份。北京从 GDP 排名第 13 位降低到 GEEP 排名第 23 位，上海从 GDP 排名第 12 位降低到 GEEP 排名第 21 位，天津从 GDP 排名第 19 位降低到 GEEP 排名第 26 位，河北从 GDP 排名第 7 位降低到 GEEP 排名第 17 位，河南从 GDP 排名第 5 位降低到 GEEP 排名第 11 位。陕西从 GDP 排名第 15 位降低到 GEEP 排名第 24 位，福建从 GDP 排名第 11 位降低到 GEEP 排名第 18 位。

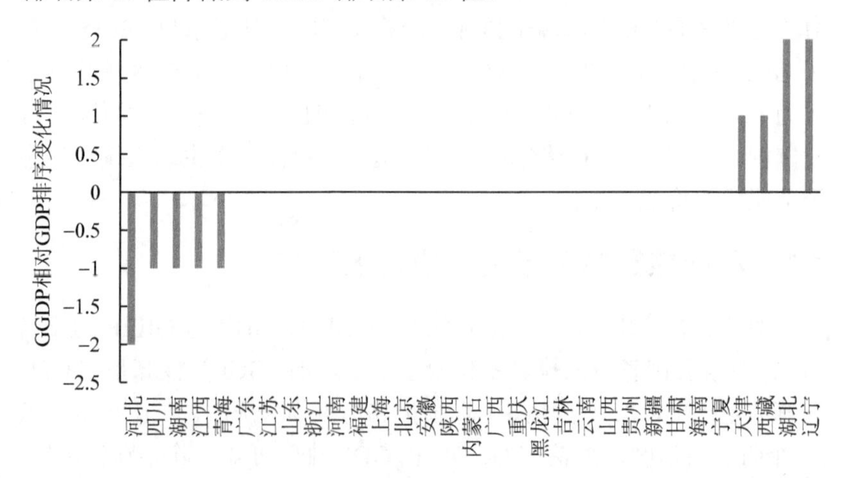

图 6-4　2015 年我国 31 个省份 GGDP 排序相对 GDP 排序变化情况

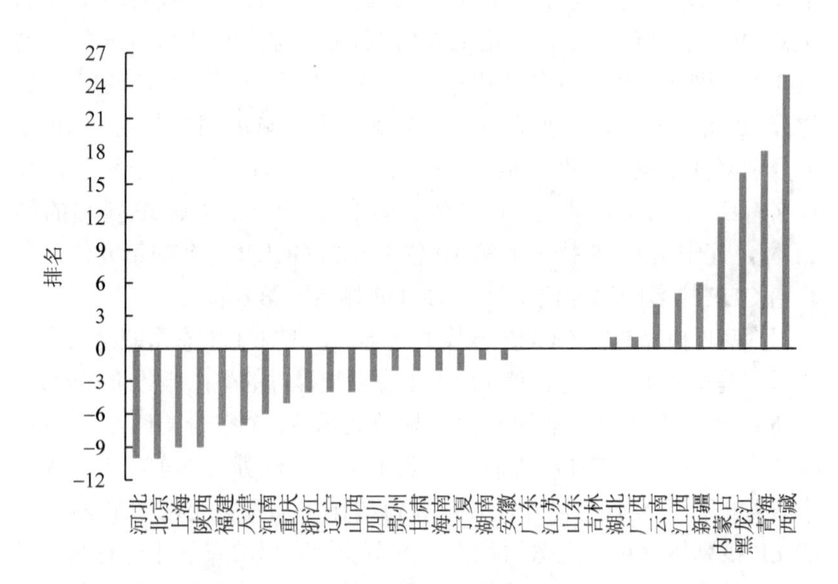

图 6-5　2015 年我国 31 个省份 GEEP 排序相对 GDP 排序变化情况

内蒙古、黑龙江、云南、青海、西藏等省份都是我国重要的生态功能区，生态面积大，生态功能突出。这些省份 GEEP 的核算结果都远高于其 GDP。其中，内蒙古的 GEEP 是 GDP 的 3.6 倍，黑龙江的 GEEP 是 GDP 的 4.2 倍，云南的 GEEP 是 GDP 的 2.5 倍，西藏的 GEEP 是 GDP 的 53.6 倍，青海的 GEEP 是 GDP 的 17.5 倍。这些省份的 GEEP 排名比 GDP 排名有较大幅度上升。内蒙古从 GDP 排名第 16 位上升到 GEEP 排名第 4 位，黑龙江从 GDP 排名第 21 位上升到 GEEP 排名第 5 位，云南从 GDP 排名第 23 位上升到 GEEP 排名第 19 位，青海从 GDP 排名第 30 位上升到 GEEP 排名第 12 位，西藏从 GDP 排名第 31 位上升到 GEEP 排名第 6 位。

进一步以全国 31 个省份人口和 GDP 均值、人口和 GEEP 均值作为原点，构建 GDP 和 GEEP 相对人口的散点象限分布图（图 6-6、图 6-7）。通过对比图 6-6 和图 6-7 中省份的象限变化情况可知，除河北由图 6-6 第一象限变成图 6-7 第二象限外，图 6-6 第一象限的经济和人口大省，在图 6-7 中仍分布在第一象限，说明这些省份经济生态生产总值仍都高于全国平均水平。图 6-6 第三象限的西藏、黑龙江、内蒙古、青海移至图 6-7 的第四象限，这 4 个省份在生态调节服务正效益的拉动下，其经济生态生产总值超过了全国平均水平。北京和上海的 GDP 超过全国平均水平，但其经济生态生产总值低于全国平均水平。2015 年全国 31 个省份不同核算结果如表 6-1 所示。

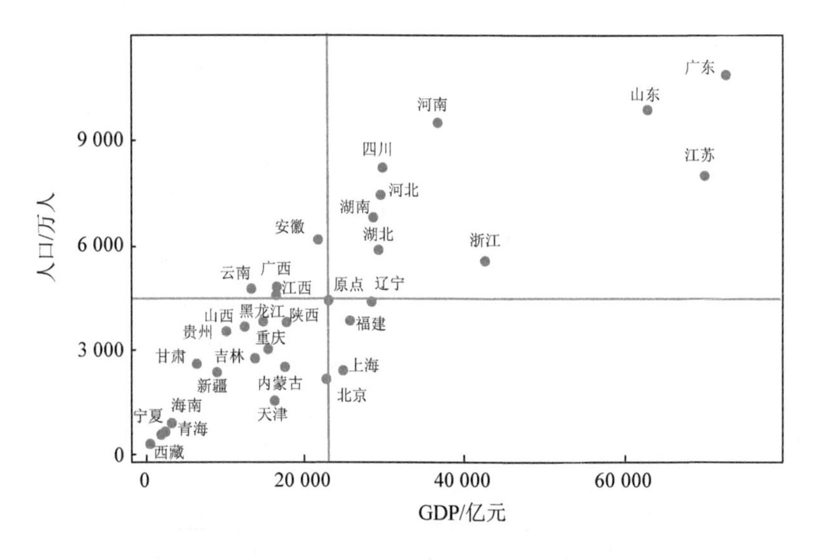

图 6-6　我国 31 个省份人口与 GDP 不同象限分布情况

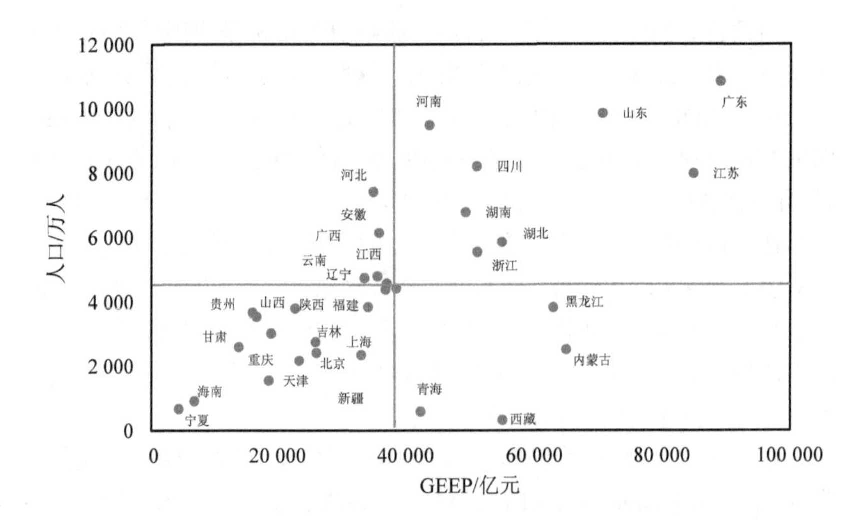

图 6-7 我国 31 个省份人口与 GEEP 不同象限分布情况

表 6-1 2015 年全国 31 个省份不同核算结果排序表

排序	省份	GDP	省份	生态环境损失成本	省份	生态调节服务	省份	GEEP
1	广东	72 813	河北	2 324.7	西藏	54 262	广东	88 991
2	江苏	70 116	山东	2 103.9	黑龙江	48 256	江苏	84 816
3	山东	63 002	江苏	2 072.1	内蒙古	47 809	山东	70 535
4	浙江	42 886	湖南	1 767.9	青海	41 638	内蒙古	64 930
5	河南	37 002	青海	1 734.6	湖北	25 908	黑龙江	62 896
6	四川	30 053	河南	1 612.0	新疆	24 121	西藏	54 977
7	河北	29 806	广东	1 299.0	湖南	22 098	湖北	54 855
8	湖北	29 550	四川	1 174.6	四川	22 095	浙江	51 052
9	湖南	28 902	辽宁	1 122.3	江西	20 928	四川	50 974
10	辽宁	28 669	浙江	1 080.4	云南	20 466	湖南	49 232
11	福建	25 980	陕西	740.3	广西	19 389	河南	43 669
12	上海	25 123	上海	716.7	广东	17 477	青海	42 321
13	北京	23 015	内蒙古	710.8	江苏	16 772	江西	37 017
14	安徽	22 006	安徽	707.6	安徽	14 516	辽宁	36 812
15	陕西	18 022	江西	634.5	吉林	12 199	安徽	35 814
16	内蒙古	17 832	重庆	621.3	山东	9 637	广西	35 577
17	广西	16 803	广西	615.0	辽宁	9 266	河北	34 913
18	江西	16 724	湖北	603.0	浙江	9 246	福建	34 103
19	天津	16 538	云南	552.2	福建	8 635	云南	33 533

排序	省份	GDP	省份	生态环境损失成本	省份	生态调节服务	省份	GEEP
20	重庆	15 717	北京	545.9	河南	8 279	新疆	33 052
21	黑龙江	15 084	贵州	517.5	甘肃	7 499	上海	26 069
22	吉林	14 063	福建	511.8	河北	7 432	吉林	25 917
23	云南	13 619	黑龙江	443.9	贵州	6 702	北京	23 337
24	山西	12 766	山西	435.4	陕西	5 395	陕西	22 676
25	贵州	10 503	新疆	394.2	重庆	3 868	重庆	18 964
26	新疆	9 325	天津	381.8	山西	3 749	天津	18 560
27	甘肃	6 790	甘肃	362.2	海南	3 176	贵州	16 687
28	海南	3 703	吉林	345.1	天津	2 404	山西	16 080
29	宁夏	2 912	西藏	311.6	上海	1 663	甘肃	13 927
30	青海	2 417	宁夏	180.5	宁夏	1 632	海南	6 842
31	西藏	1 026	海南	36.4	北京	869	宁夏	4 363

第二部分
中国经济生态生产总值核算研究报告 2016

（陈金华　摄影）

第7章 引言

GDP 作为考察宏观经济的重要指标，是对一国总体经济运行表现做出的概括性衡量。但现行的国民经济核算体系有一定的局限性：①它没有反映经济增长的资源环境代价；②不能反映经济增长的效率、效益和质量；③没有完全反映生态系统对经济增长的贡献度和带来的福祉，没有包括经济增长的全部社会成本；④不能反映社会财富的总积累以及社会福利的变化。

为此，国际上从 20 世纪 70 年代开始研究建立绿色国民经济核算体系，它在传统的 GDP 核算体系中扣除自然资源耗减成本和污染损失成本，以期更真实地衡量经济发展成果和国民经济福利。联合国统计司（UNSD）于 1989 年、1993 年、2003 年和 2013 年先后发布并修订了《综合环境与经济核算体系》，为建立绿色国民经济核算总量、自然资源和污染账户提供了基本框架。本课题组遵从 SEEA 框架体系，2006—2016 年，持续开展绿色 GDP 1.0（GGDP）研究，定量核算我国经济发展的生态环境代价，完成了 2004—2016 年共 13 年的年度环境经济核算报告，有力地推动了我国绿色国民经济核算体系研究。

目前，我国非常重视生态文明建设，逐步放弃唯 GDP 考核目标。党的十八大提出把资源消耗、环境损害、生态效益等指标纳入经济社会发展评价体系，党的十九大进一步强调加快生态文明体制改革，建设美丽中国，推进绿色发展，着力解决突出环境问题，加大生态系统保护力度，改革生态环境监管体制，践行“绿水青山就是金山银山”的理念，坚持节约资源和保护环境的基本国策，实行最严格的生态环境保护制度。绿色 GDP 核算扣除了经济系统增长的资源环境代价，但并没有把生态系统为经济系统提供的全部生态福祉都进行核算，只做了“减法”，没有做“加法”，无法体现“绿水青山就是金山银山”的绿色理念。

2015 年，环境保护部启动了绿色 GDP 2.0 版本，开展了生态系统生产总值（GEP）的核算，对生态系统每年提供给人类的生态福祉全部进行核算，包括产品供给服务、生态调节服务、文化服务 3 个方面。但 GEP 只是从生态系统的角度考虑，单独把生态系统给经济系统提供的福祉全部进行核算，并没有把生态系统和经济系统完全地纳入同一核算体系中。为把资源消耗、环境损害、生态效益纳入社会经济发展评价体系，本书在绿色 GDP 1.0 和绿色 GDP 2.0 版本的基础上，构建经济生态生产总值（GEEP）综合核算指标体系。

GEEP 是在经济系统生产总值的基础上，考虑人类在经济生产活动中对生态环境的损害和生态系统给经济系统提供的福祉。GEEP 既考虑了人类活动产生的经济价值，也考虑了生态系统每年给经济系统提供的生态福祉，还考虑了人类为经济系统产生的生态环境代价。GEEP 是一个有增有减、有经济有生态的综合指标。GEEP 同时考虑了人类活动和生态环境对经济系统的贡献，纠正了以前只考虑人类经济贡献或生态贡献的片面性。这一指标把“绿水青山”和“金山银山”统一到一个框架体系下，是“绿水青山就是金山银山”理念的集成，是践行“绿水青山就是金山银山”理念的重要支撑。与 GDP 相比，GEEP 更有利于实现地区可持续发展，是相对更为科学的地区绩效考核指标。

本书由生态环境部环境规划院完成，环境质量数据由中国环境监测总站和中科院遥感与数字地球研究所提供。感谢生态环境部、国家统计局等部门与中国宏观经济学会等机构的有关领导一直以来对本项研究给予的指导和帮助。

专栏 7.1　2016 年经济生态生产总值核算数据来源

2016 年核算主要以环境统计和环境监测等数据为依据，对 2016 年全国 31 个省份的污染损失成本、生态破坏损失及其占 GDP 的比例，物质流，GEP，GEEP 进行核算。报告基础数据来源包括《中国统计年鉴 2017》《中国城市建设统计年鉴 2017》《中国卫生统计年鉴 2017》《中国农村统计年鉴 2017》《中国矿业年鉴 2017》《中国国土资源年鉴 2017》《中国能源统计年鉴 2017》《中国口岸年鉴 2017》《2008 中国卫生服务调查研究——第四次家庭健康询问调查分析报告》《中国环境状况公报 2016》以及 31 个省份 2017 年度统计年鉴，环境质量数据由中国环境监测总站提供，全国 10 km×10 km 网格的 $PM_{2.5}$ 遥感卫星反演浓度数据由中科院遥感与数字地球研究所提供。

生态破坏损失核算基础数据主要来源于第八次全国森林资源清查（2009—2013 年）、第二次全国湿地调查（2009—2013 年）、全国 674 个气象站点数据、中国农业科学院 MODIS/NDVI 遥感数据、《中国土壤志》、美国国家航空航天局（NASA）网站数字高程数据、全国草原监测报告、国家价格监测中心、碳排放交易价格、市场调查以及相关研究数据。

生态系统生产总值核算中，土地利用类型图来源于中国科学院资源科学数据中心（http://www.redc.cn），温度和降水量数据来自中国气象数据网（http://data.cma.cn/），NPP 数据来自美国 NASA EOS/MODIS 2016 年 MOD17 A3 数据集（http://www.ntsg.umt.edu/project/MOD17）、NDVI 数据来源于美国 NASA 的 EOS/MODIS 数据产品（http://e4ftl01.cr.usgs.gov）、土壤类型数据来源于中科院南京土壤研究所等。

第8章 经济生态生产总值核算框架体系

现有的国民经济核算体系没有考虑经济增长对自然资源和环境的消耗，也没有将生态系统为经济系统提供的生态服务价值纳入核算体系。为把资源消耗、环境损害、生态效益纳入社会经济发展评价体系，践行“绿水青山就是金山银山”的理念，本课题组通过多年关于绿色国民经济核算体系的理论和实践探索研究，在对经济生态生产总值构建的理论基础、核算框架、核算原则、关键指标等进行深入探讨的基础上，提出构建经济生态生产总值（GEEP）综合核算框架体系，并利用构建的经济生态生产总值核算体系，对2016年我国31个省份的经济生态生产总值进行核算应用。与GDP相比，GEEP更有利于实现地区可持续发展，是相对更为科学的地区绩效考核指标。

8.1 经济生态生产总值核算框架

经济生态生产总值（Gross Economic-Ecological Product，GEEP）的核算是在经济系统生产总值的基础上，考虑人类在经济生产活动中对生态环境的损害和生态系统给经济系统提供的福祉。即在绿色GDP核算的基础上，增加生态系统给人类提供的生态福祉。其中，对生态环境的损害主要用人类活动对生态系统的破坏损失和环境的污染损失成本表示，生态系统给人类带来的福祉用GEP表示，因GEP中的产品供给服务和文化服务价值已在GDP中进行了核算，为减少重复，需进行扣除（图8-1）。经济生态生产总值的概念模型如式（8.1）所示。

$$\begin{aligned} GEEP &= GGDP + GEP - (GGDP \cap GEP) \\ &= (GDP - PDC - EDC) + (EPS + ERS + ECS) - (EPS + ECS) \\ &= (GDP - PDC - EDC) + ERS \end{aligned} \tag{8.1}$$

式中：GGDP —— 绿色 GDP；

GEP —— 生态系统生产总值；

GGDP∩GEP —— GGDP 与 GEP 的重复部分；

GDP —— 国内生产总值；

PDC —— 污染损失成本；

EDC —— 生态破坏损失；

ERS —— 生态系统调节服务；

EPS —— 生态产品供给服务；

ECS —— 生态系统文化服务。

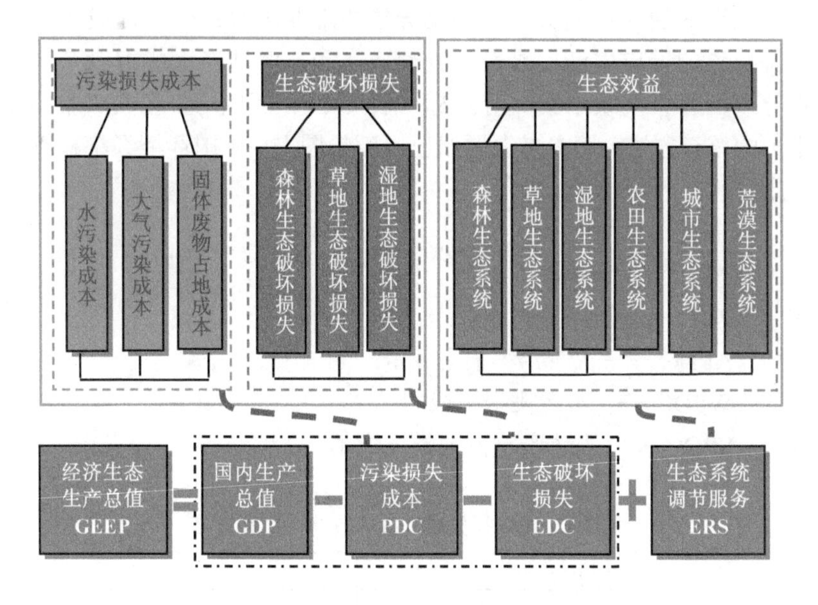

图 8-1　经济生态生产总值核算框架体系

8.2　经济生态生产总值核算指标

根据 GEEP 核算框架体系，GEEP 核算的关键指标是生态破坏损失、污染损失成本和生态系统调节服务。这 3 个指标涉及生态、环境、生态环境经济学以及遥感技术应用等多个学科的交叉。如何对生态破坏损失、污染损失成本和生态系统生产总值进行价值量核算，是计算 GEEP 的关键和难点。

8.2.1 污染损失成本核算指标

污染损失成本指排放到环境中的各种污染物对人体健康、农业、生态环境等产生的环境退化成本。污染损失成本主要包括大气污染导致的污染损失成本、水污染导致的污染损失成本、固体废物占地导致的污染损失成本等 3 个方面的环境污染损失成本。其中，大气污染导致的污染损失成本主要包括大气污染导致的人体健康损失、种植业产量损失、室外建筑材料腐蚀损失、生活清洁费用增加成本等 4 个部分。水污染导致的污染损失成本主要包括水污染导致的人体健康损失、污水灌溉造成的农业损失、水污染导致的工业用水额外处理成本、水污染导致的城市生活用水额外处理成本和家庭洁净水成本以及水污染导致的污染型缺水损失等指标（表 8-1）。环境污染损失成本具体指标的核算方法，请参考课题组已出版的图书《中国环境经济核算技术指南》，如式（8.2）所示。

$$\mathrm{PDC}=\mathrm{APDC}+\mathrm{WPDC}+\mathrm{SPDC} \quad (8.2)$$

式中：PDC —— 污染损失成本；

APDC —— 大气污染损失成本；

WPDC —— 水污染损失成本；

SPDC —— 固体废物占地损失成本。

表 8-1 污染损失成本核算具体内容和方法

危害终端		核算方法
大气污染	人体健康损失	修正的人力资本法/疾病成本法
	种植业产量损失	市场价值法
	室外建筑材料腐蚀损失	市场价值法或防护费用法
	生活清洁费用增加成本	防护费用法
水污染	人体健康损失	疾病成本法/人力资本法
	污水灌溉造成的农业损失	市场价值法或影子价格法
	工业用水额外处理成本	防护费用法
	城市生活用水额外处理成本	防护费用法
	水污染导致的家庭洁净水成本	市场价值法
	污染型缺水损失	影子价格法
固体废物占地		机会成本法

8.2.2 生态破坏损失核算指标

生态破坏损失核算指标是指生态系统生态服务功能因人类不合理利用，产生的生态服务功能损失的核算指标。该指标是在生态系统调节服务核算的基础上，考虑不同生态系统的人为破坏率，对森林、草地、湿地三大生态系统的生态破坏损失进行核算。报告在进行 2016 年生态破坏损失核算时，以森林超采率作为森林生态系统的人为破坏率，森林超采率依据第八次全国森林资源清查获得的森林超采量和森林蓄积量计算而得。湿地人为破坏率根据第二次全国湿地资源调查结果，利用湿地重度威胁面积占湿地总面积的比例进行计算。草地人为破坏率根据 2017 年全国草原监测报告六大牧区省份及全国重点天然草原平均牲畜超载率进行计算。

$$\mathrm{EDC}=\sum_{i=1}^{3}\mathrm{ERS}_i\times\mathrm{HR}_i \quad (8.3)$$

式中：EDC —— 生态破坏损失；

i —— 草地、森林和湿地三大生态系统；

ERS_i —— 草地、湿地和森林三大生态系统的生态系统调节服务价值；

HR_i —— 三大生态系统的人为破坏率。

8.2.3 生态系统生产总值核算指标

GEP 核算是分析与评价生态系统为人类生存与福祉提供的产品与服务的经济价值。生态系统生产总值是生态系统产品供给服务价值、调节服务价值和文化服务价值的总和。根据生态系统服务功能评估的方法，生态系统生产总值可以从生态系统功能量和生态经济价值量两个角度核算。生态系统功能量的获取需要借助遥感影像解译数据，本书利用中国科学院地理科学与资源研究所解译的 2016 年空间分辨率 1 km 的土地利用数据，并结合 MODIS NDVI 数据，对我国 2016 年 31 个省份的森林、湿地、草地、荒漠、农田、城市等六大生态系统 GEP 进行核算。具体指标见表 8-2。因生态系统提供的生态产品供给服务和生态系统文化服务已经在 GDP 中有所体现，为避免重复，GEEP 核算只对生态系统给经济系统提供的生态系统调节服务价值进行核算。这些指标的具体计算方法请参考本课题组发表在《中国环境科学》上的文章，这里不再赘述。生态系统调节服务核算公式如式

（8.4）所示。

$$ERS=CRS+WRS+SMS+WPSF+CFOR+WCS+ACS+EDIP \quad (8.4)$$

式中：ERS —— 生态系统调节服务；
CRS —— 气候调节服务；
WRS —— 水流动调节服务；
SMS —— 土壤保持功能；
WPSF —— 防风固沙功能；
CFOR —— 固碳释氧功能；
WCS —— 水质净化功能；
ACS —— 大气环境净化；
EDIP —— 病虫害防治。

表 8-2　不同生态系统生态服务功能核算方法

指标	功能量核算方法	价值量核算方法
产品供给	统计调查法	市场价值法
气候调节	蒸散模型法	替代成本法
固碳功能	固碳机理模型法	替代成本法
释氧功能	释氧机理模型法	替代成本法
水质净化功能	污染物净化模型法	替代成本法
大气环境净化	污染物净化模型法	替代成本法
水流动调节	水量平衡法	替代成本法
病虫害防治	统计调查法	替代成本法
土壤保持功能	通用水土流失方程（RUSLE）	替代成本法
防风固沙功能	修正风力侵蚀模型（REWQ）	替代成本法
文化服务功能	统计调查法	旅行费用法

第 9 章 2016 年污染损失成本核算

污染损失成本又称环境退化成本，它是指在目前的治理水平下，生产和消费过程中所排放的污染物对环境功能、人体健康、作物产量等造成的实际损害。可利用人力资本法、直接市场价值法、替代费用法等环境价值评价方法评估计算得出环境退化成本。基于损害的污染损失评估方法可以对污染损失进行更加科学和客观的评价。

在本核算体系框架下，环境退化成本按污染介质分，包括大气污染、水污染和固体废物污染造成的经济损失；按污染危害终端分，包括人体健康经济损失、工农业（工业、种植业、林牧渔业）生产经济损失、水资源经济损失、材料经济损失、土地占用丧失生产力引起的经济损失、污染事故经济损失和对生活造成影响的经济损失。

9.1 水污染损失成本

2016 年，我国水污染损失成本为 9 005.4 亿元，占总污染损失成本的 42.3%，水环境退化指数为 1.15%。在水污染损失成本中，污染型缺水造成的损失最大。2016 年全国污染型缺水量达到 1 149.1 亿 m^3，占 2016 年总供水量的 19.3%，污染已经成为我国缺水的主要原因之一，对我国的水环境安全构成严重威胁，成为制约经济发展的一大要素。其次为水污染对农业生产造成的损失，2016 年为 1 523.5 亿元。2016 年水污染造成的城市生活用水额外处理和防护成本为 566.9 亿元，工业用水额外处理成本为 414.6 亿元，农村居民健康损失为 347.2 亿元（图 9-1）。

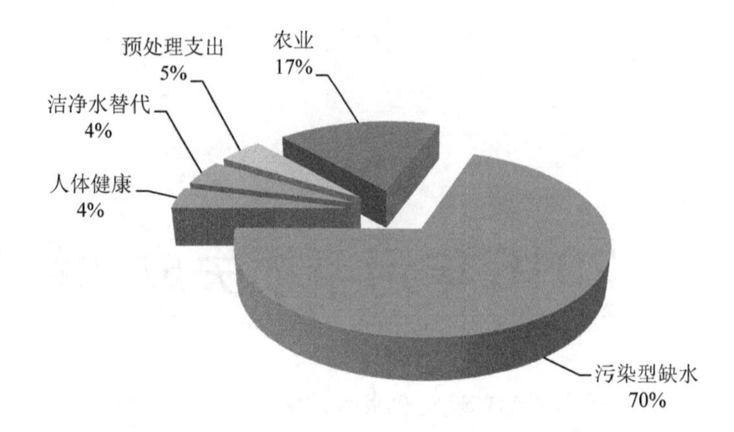

图 9-1 各种水污染损失占总水污染损失的比重

2016 年，东、中、西部 3 个地区的水污染损失成本分别为 4 852.0 亿元、2 034.2 亿元和 2 119.3 亿元，分别比上年增加 14.3%、3.0%和 3.0%。东部地区的水污染损失成本最高，约占总水污染损失成本的 53.9%，占东部地区 GDP 的 1.1%；中部和西部地区的水污染损失成本分别占总水污染损失成本的 22.6%和 23.5%，分别占地区 GDP 的 1.07%和 1.35%。

9.2 大气污染损失成本

2016 年我国大气污染损失成本为 11 724.0 亿元，占总污染损失成本的 55.1%。大气环境退化指数为 1.5%。利用中国科学院遥感与数字地球研究所提供的 2016 年 $PM_{2.5}$ 遥感影像反演数据，对全国范围的大气污染导致的人体健康损失进行核算。2016 年，我国大气污染导致的人体健康损失为 9 305.3 亿元。在 SO_2 减排政策的作用下，大气污染造成的农业损失大幅下降。2016 年农业减产损失为 87.9 亿元，比 2015 年减少 108%，农业减产损失仅占大气污染损失的 1%（图 9-2）。材料损失为 98.6 亿元，比 2015 年减少 51.8%。随着车辆和建筑物的快速增加，额外清洁费用增速较快，从 2006 年的 416.4 亿元增加到 2016 年的 1 856.3 亿元，年均增长 14.6%。

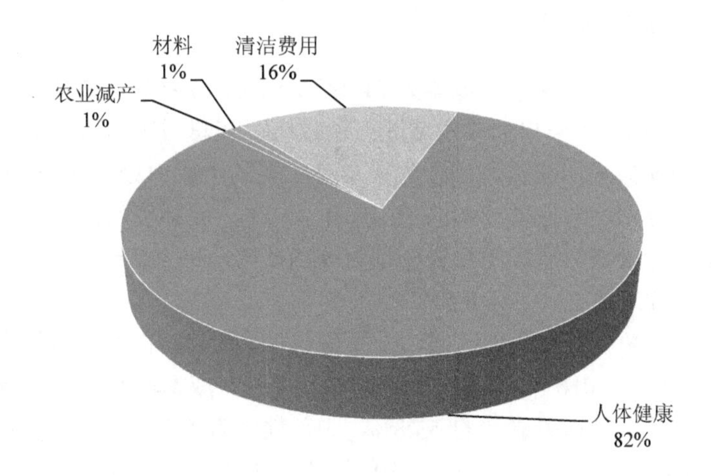

图 9-2　各种大气污染损失占总大气污染损失比重

2016 年，东、中、西部 3 个地区的大气污染损失成本分别为 6 458.4 亿元、3 041.5 亿元和 2 224.1 亿元。大气污染损失成本最高的仍然是东部地区，占大气总污染损失成本的 55.1%，占东部地区 GDP 的 1.49%；中部和西部地区的大气污染损失成本分别占大气总污染损失成本的 25.9%和 19.0%，这两个地区的大气污染损失成本占地区 GDP 的比重分别为 1.59%和 1.42%。从省份而言，江苏（1 223.9 亿元）、山东（1 157.2 亿元）、广东（938.6 亿元）、河南（752.8 亿元）、浙江（623.7 亿元）、河北（574.6 亿元）等 6 个省份的大气污染损失较高，占全国大气污染损失的 45.0%。甘肃（101.8 亿元）、宁夏（48.6 亿元）、青海（31.9 亿元）、海南（16.0 亿元）、西藏（8.3 亿元）等省份大气污染损失相对较低，占全国大气污染损失比例的 1.8%。

9.3　固体废物侵占土地损失成本

2016 年，全国工业固体废物侵占土地约 21 535.4 万 m^2，丧失的土地机会成本约为 379.7 亿元，比上年增加 27.3%。生活垃圾侵占土地约 2 421.9 万 m^2，丧失的土地机会成本约为 65.9 亿元，比上年减少 14.6%。两项合计，2016 年全国固体废物侵占土地造成的污染损失成本为 445.6 亿元，占总污染损失成本的 2.1%。2016 年，东、中、西部 3 个地区的固体废物污染损失成本分别为 149.4 亿元、154.0 亿元、142.2 亿元。

9.4 污染损失成本

2016 年我国污染损失成本为 21 292.9 亿元，污染损失成本比 2015 年增加 5.5%，污染损失成本增速有所放缓。在总污染损失成本中，大气污染损失成本和水污染损失成本是主要的组成部分，2016 年这两项损失分别占总退化成本的 55.1%和 42.3%，固体废物侵占土地退化成本和污染事故造成的损失分别为 445.6 亿元和 117.8 亿元，分别占总退化成本的 2.09%和 0.55%。

从空间角度看，我国区域污染损失成本呈现自东向西递减的空间格局（图 9-3）。2016 年，我国东部地区的污染损失成本较大，为 11 459.7 亿元，占总污染损失成本的 53.8%，中部地区为 5 229.7 亿元，西部地区为 4 485.7 亿元。从 31 个省份的污染损失成本来看，河北（2 110.4 亿元）、山东（2 084.6 亿元）、江苏（1 736.1 亿元）、河南（1 595.2 亿元）、浙江（1 392.8 亿元）、广东（1 208.1 亿元）等省份的污染损失成本较高，合计占全国污染损失成本的比重为 47.6%。除河南外，这些省份都位于我国东部沿海地区。云南（292.8 亿元）、新疆（232.9 亿元）、宁夏（194.5 亿元）、青海（94.5 亿元）、西藏（55.3 亿元）、海南（35.2 亿元）等省份的污染损失成本较低，合计占污染损失成本的 4.1%。这些省份除环境质量本底值好的海南省外，其他都位于西部地区。

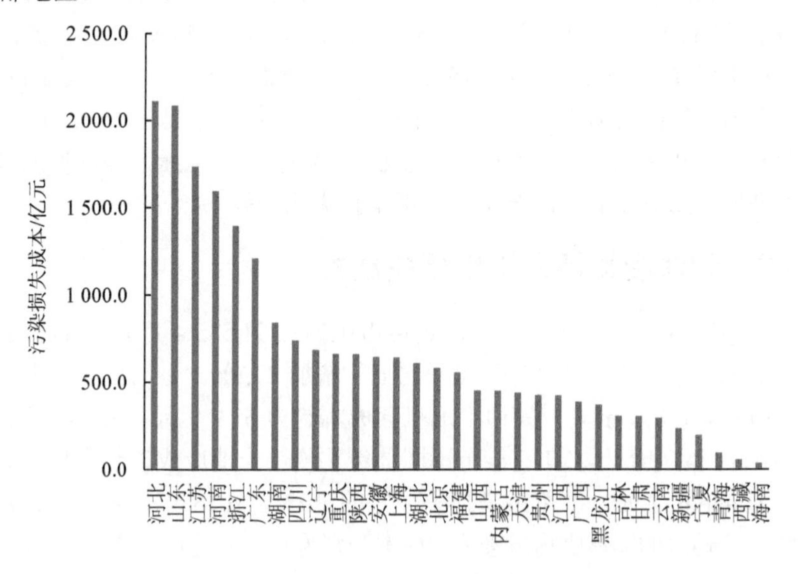

图 9-3 2016 年我国 31 个省份污染损失成本

第 10 章 2016 年生态破坏损失核算

生态系统可以按不同的方法和标准进行分类，本书按生态系统特性将生态系统划分为 5 类，即森林生态系统、草地生态系统、湿地生态系统、农田生态系统和海洋生态系统。由于不掌握农田生态系统和海洋生态系统的基础数据及相关参数，本书仅核算了森林、草地和湿地等 3 类生态系统的生态调节服务损失。

专栏 10.1　生态破坏损失核算说明

首先，报告根据中国科学院地理科学与资源研究所解译的 2016 年空间分辨率为 1 km 的土地利用数据，结合 MODIS NDVI 数据进行不同生态系统不同生态功能指标的实物量计算。

其次，在不同生态系统生态服务功能实物量核算的基础上，利用不同生态系统服务功能实物量与不同生态系统人为破坏率的乘积，进行不同生态系统生态破坏实物量核算。

（1）根据第八次全国森林资源清查结果，核算了我国森林生态系统的固碳释氧、水流动调节、土壤保持、大气环境净化、防风固沙、气候调节等 6 种生态调节服务的功能量，根据森林超采率（根据第八次全国森林资源清查获得的森林超采量和森林蓄积量计算得到）计算不同生态功能的森林损失功能量，再根据价值量方法将损失功能量转换为损失价值量。

（2）根据第二次全国湿地资源调查结果，核算了我国湿地生态系统在固碳释氧、水流动调节、土壤保持、水质净化、大气环境净化、气候调节 6 种生态调节服务上的功能量，根据湿地重度威胁面积占湿地总面积的比例计算不同生态功能的湿地损失功能量，再根据价值量方法将损失功能量转换为损失价值量。

（3）对草地生态系统核算了固碳释氧、水流动调节、土壤保持、大气环境净化、防风固沙、气候调节等 6 种生态调节服务的功能量，根据草地人为破坏率（根据 2017 年全国草原监测报告六大牧区省份及全国重点天然草原平均牲畜超载率计算获得）计算不同生态功能的草地损失功能量，再根据价值量方法将损失功能量转换为损失价值量。

10.1 森林生态破坏损失

第八次全国森林资源清查（2009—2013 年）结果显示，我国现有森林面积 2.08 亿 hm^2，森林覆盖率为 21.63%，活立木总蓄积量为 164.33 亿 m^3。森林面积和森林蓄积量分别位居世界第 5 和第 6，人工林面积居世界首位。与第七次全国森林资源清查（2004—2008 年）相比，森林面积增加 1 223 万 hm^2，森林覆盖率上升 1.27 个百分点，活立木总蓄积量和森林蓄积量分别增加 15.20 亿 m^3 和 14.16 亿 m^3。总体来看，我国森林资源进入了数量增长、质量提升的稳步发展时期。这充分表明，党中央、国务院确定的林业发展和生态建设一系列重大战略决策，实施的一系列重点林业生态工程，取得了显著成效。但是我国森林资源总量相对不足、质量不高、分布不均的状况仍未得到根本改变，林业发展还面临着巨大的压力和挑战。

根据第八次全国森林资源清查结果，森林面积增速开始放缓，现有未成林造林地面积比上次清查少 396 万 hm^2，仅有 650 万 hm^2。同时，现有宜林地质量好的仅占 10%，质量差的多达 54%，且 2/3 分布在西北、西南地区。2016 年我国森林生态破坏损失达到 1 455.1 亿元，占 2016 年全国 GDP 的 0.19%。从损失的各项功能看，固碳释氧、水流动调节、土壤保持、大气净化、防风固沙、气候调节功能损失的价值量分别为 253.7 亿元、666.3 亿元、316.8 亿元、2.7 亿元、1.0 亿元和 214.7 亿元。其中，水流动调节损失所造成的破坏损失最大，占森林总损失的 45.8%（图 10-1）。

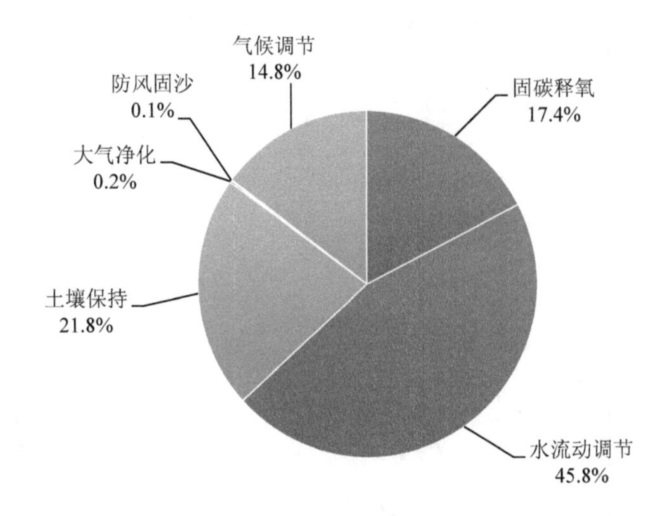

图 10-1　森林生态破坏各项损失占比

从森林生态破坏损失的地域分布看，2016 年湖南省森林生态破坏的经济损失最大，为 469.0 亿元，其森林的超采率为 4.7%；其次是江西、广东、黑龙江、贵州、河南、云南、浙江、广西、安徽、四川等地，森林生态破坏的经济损失均超过 40 亿元，这些省份除云南、四川、广西的森林超采率小于 1%以外，其他省份的森林超采率都大于 1%，其中江西的森林超采率为 2.0%，广东为 1.7%，贵州为 1.5%，黑龙江为 1.2%；青海、上海、宁夏、北京、天津等地森林生态破坏损失较小；内蒙古、福建、海南、陕西等地森林超采率为 0，森林生态系统破坏损失为 0。总体上，我国森林生态破坏损失主要分布在东南和西南地区，西北各省份森林生态破坏损失相对较小（图 10-2）。云南、广西、四川主要由于森林资源比较丰富，核算得到的生态系统服务功能量较大，所以其生态破坏的损失价值也较高；湖南、江西、广东、贵州、安徽等省份则是由于森林超采率较高，造成森林生态破坏的损失价值增高；西北各省份在退耕还林政策的影响下，森林超采率普遍较低，森林生态破坏损失相对较低。

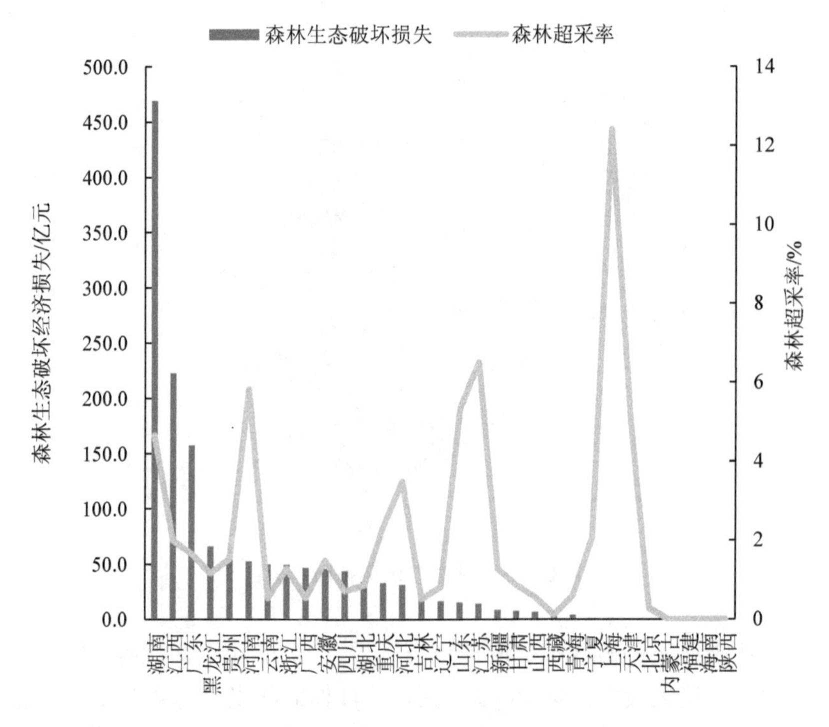

图 10-2　2016 年 31 个省份的森林生态破坏经济损失和超采率

10.2　湿地生态破坏损失

第二次全国湿地资源调查（2009—2013 年）结果表明，全国湿地总面积为 5 360.26 万 hm^2，湿地率为 5.58%。自然湿地面积为 4 667.47 万 hm^2，占总湿地面积的 87.08%。自然湿地中，近海与海岸湿地面积为 579.59 万 hm^2；河流湿地面积为 1 055.21 万 hm^2；湖泊湿地面积为 859.38 万 hm^2；沼泽湿地面积为 2 173.29 万 hm^2。调查表明，我国目前河流、湖泊湿地沼泽化，河流湿地转为人工库塘等情况突出，湿地受威胁压力进一步增大，威胁湿地生态状况主要因子已从 10 年前的污染、围垦和非法狩猎三大因子转变为现在的污染、过度捕捞和采集、围垦、外来物种入侵以及基建占用五大因子，这些原因造成了我国自然湿地面积削减、功能下降。

本书的湿地生态破坏是指在人类活动的干扰下，由于人为因素造成的湿地生态系统的生态服务功能退化，污染、过度捕捞和采集、围垦、外来物种入侵和基建占用均为人为因素，因此，以湿地重度威胁面积占湿地总面积的比例指标作为湿地生态系统的人为破坏率。根据核算结果，2016 年湿地生态破坏损失达到 4 063.0 亿元，占 2016 年全国 GDP 的 0.52%。湿地的固碳释氧、水流动调节、土壤保持、水质净化、大气环境净化、防风固沙、气候调节功能损失的价值量分别为 1.6 亿元、513.4 亿元、3.4 亿元、36.1 亿元、0.3 亿元和 3 507.4 亿元。在湿地生态破坏造成的各项损失中，气候调节的损失贡献率最大，占总经济损失的 86.3%（图 10-3）。

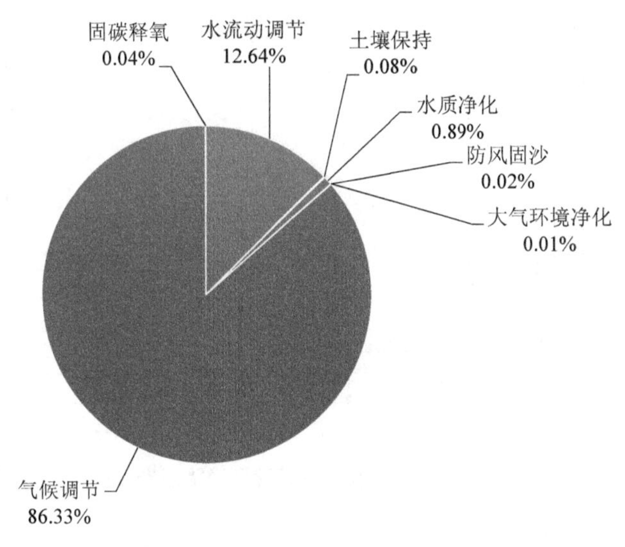

图 10-3 湿地生态破坏各项损失占比

受自然条件的影响，湿地类型的地理分布表现出明显的区域差异。从湿地生态破坏损失的地域分布看，2016 年青海省湿地生态破坏损失最高，为 1 569.4 亿元，占湿地总损失的 38.6%，其中气候调节服务功能损失最高，为 1 395.3 亿元，主要由于青海省湿地资源丰富。根据核算结果，青海湿地生态系统价值位列全国第四，同时青海的重度威胁面积占湿地总面积的比例较高，为 4.05%，位列全国第四；湖南、辽宁、江苏、河北、四川等省份的生态破坏损失也较高，均高于 200 亿元，其中河北、湖南、辽宁由于重度威胁面积占湿地总面积的比例较高（4.69%、4.6%、4.05%），分别为全国第一位、第二位、第五位（图 10-4）。重庆、西藏、黑龙江湿地生态系统破坏损失较低，小于 2 亿元。

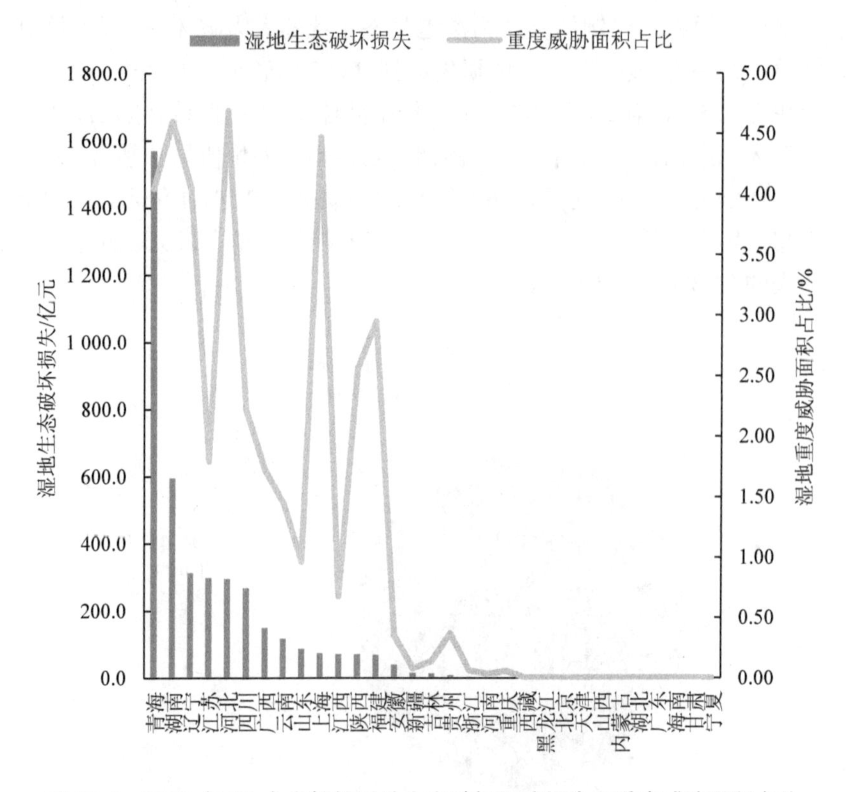

图 10-4　2016 年 31 个省份的湿地生态破坏经济损失和重度威胁面积占比

10.3　草地生态破坏损失

草地生态破坏是在人类活动的干扰下，由于人为因素造成的草地生态系统的生态服务功能退化。造成草地生态系统生态退化的人为因素主要是不合理的草地利用，包括过度放牧、开垦草原、违法征占草地、乱采滥挖草原野生植被资源等。核算结果显示，2016 年我国草地生态系统的固碳释氧、水流动调节、土壤保持、大气净化、防风固沙、气候调节功能损失的价值量分别为 715.9 亿元、575.1 亿元、262.4 亿元、4.0 亿元、106.9 亿元和 380.9 亿元，合计 2 045.1 亿元。在草地生态破坏造成的各项损失中，水流动调节的贡献率最大，占总经济损失的 28.1%（图 10-5）。

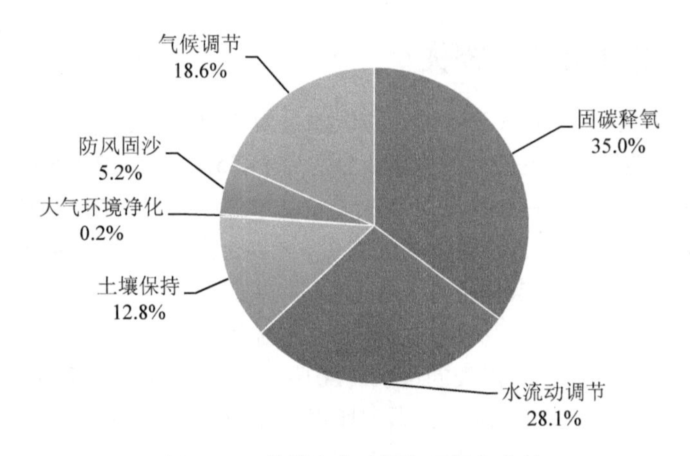

图 10-5 草地生态破坏各项损失占比

从草地生态破坏损失的地域分布来看，2016 年西藏、新疆、内蒙古、青海、四川等省份的草地生态破坏相对较为严重，对应的草地生态破坏损失分别为 527.7 亿元、278.7 亿元、270.9 亿元、188.6 亿元、160.3 亿元，其中四川、内蒙古、西藏和新疆的草原人为破坏率均高于其他省份平均值(3.7%)，分别为 4.17%、3.91%、4.62%和 4.37%，同时四川固碳释氧损失量较大，内蒙古、西藏、新疆的水流动调节损失较大。河南、宁夏、吉林、辽宁、浙江、海南、江苏、北京、天津、上海等地草地生态破坏相对较轻，草地生态破坏损失不足 10 亿元。总体来看，西北、西南地区是我国草地生态破坏损失的高值区域，主要表现为草地净初级生产力的下降和草地面积的减少（图 10-6）。

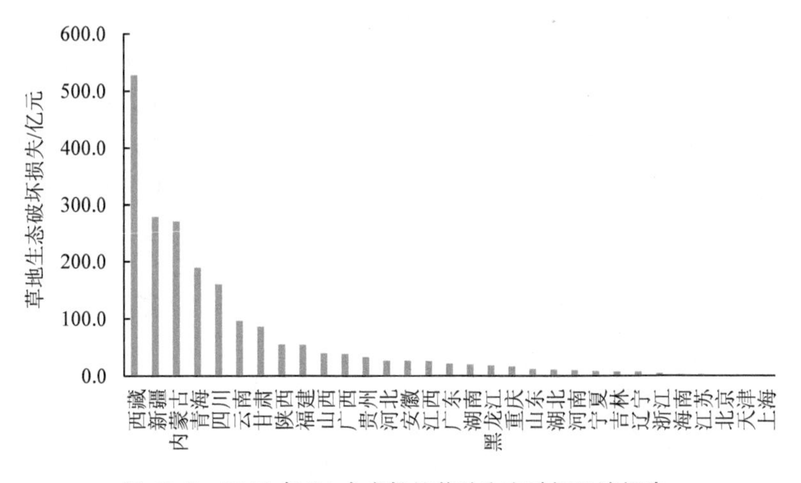

图 10-6 2016 年 31 个省份的草地生态破坏经济损失

10.4 总生态破坏损失

2016 年我国生态破坏损失的价值量为 7 563.2 亿元。其中森林、草地、湿地生态系统破坏的价值量分别为 1 455.1 亿元、2 045.1 亿元、4 063.0 亿元，分别占生态破坏损失总价值量的 19.2%、27.1%、53.7%。从各类生态系统破坏的经济损失来看，湿地生态系统破坏的经济损失相对较大，其次是森林生态系统和草地生态系统。2016 年生态破坏损失与 2015 年相比，仍呈增加趋势，增加了 14.5%。2016 年生态破坏损失主要来自草地损失的增加。2016 年我国湿地生态破坏损失比 2015 年增加了 2.4%；森林生态破坏损失比 2015 年增加了 17.4%；草地生态破坏损失比 2015 年减少了 46.4%。

从各类生态服务功能破坏的经济损失看，2016 年固碳释氧、水流动调节、土壤保持、水质净化、大气环境净化、防风固沙、气候调节损失的价值量分别占生态破坏损失总价值量的 12.8%、23.2%、7.7%、0.5%、0.1%、1.4%和 54.2%。其中气候调节功能破坏损失的价值量相对较大，其次是水流动调节和固碳释氧，环境净化（水质、大气）破坏损失的价值量相对较小。生态破坏会对生态系统的气候调节、水流动调节、固碳释氧和土壤保持等生态服务功能产生影响，进而破坏生态系统的稳定性。

从各省份生态破坏损失的价值量看，2016 年青海生态破坏损失价值最高，为 1 761.6 亿元，主要由于青海省湿地人为破坏率较高，造成湿地生态系统损失价值较高，青海湿地生态系统损失价值占其总生态破坏损失价值的 89.1%；湖南、西藏、四川、河北、辽宁、江西、江苏、新疆等地生态破坏损失的价值量相对较大，分别为 1 085.1 亿元、534 亿元、471.7 亿元、353.8 亿元、336.0 亿元、319.4 亿元、314.6 亿元和 302.4 亿元。山东、湖北、吉林等地生态破坏损失的价值量相对较小，均不足 50 亿元；北京、天津和海南生态破坏损失的价值量不足 10 亿元（图 10-7）。

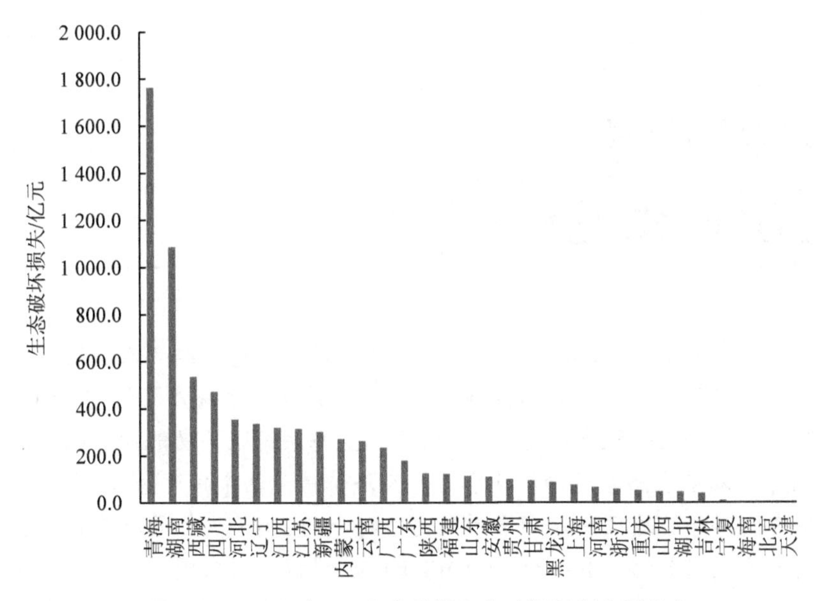

图 10-7 2016 年 31 个省份的生态破坏损失空间分布

第11章 2016年GEP核算

生态系统生产总值（GEP）是分析与评价生态系统为人类生存与福祉提供的产品与服务的经济价值。GEP是生态系统产品价值、调节服务价值和文化服务价值的总和。根据生态系统服务功能评估的方法，GEP可以从生态系统功能量和生态经济价值量两个角度核算。本书利用中国科学院地理科学与资源研究所解译的2016年空间分辨率1 km的土地利用数据，并结合MODIS NDVI数据，对我国2016年31个省份的核算的森林、湿地、草地、荒漠、农田、城市、海洋等7大生态系统GEP进行核算。

11.1 不同生态系统GEP占比

2016年，我国GEP为76.67万亿元，绿金指数（GEP与GDP的比值）是0.98。2015年，我国GEP为70.6万亿元，绿金指数为1.03，2016年GEP略高于2015年GEP。从不同生态系统提供的生态服务价值来看，2016年，湿地生态系统的生态服务价值最大，为43.3万亿元，占比为64.3%；其次是森林生态系统，为13.1万亿元，占比为19.5%；草地生态系统的生态服务价值为4.2万亿元，占比为6.23%；农田生态系统的生态服务价值为5.63万亿元，占比为8.35%；荒漠生态系统和城市生态系统提供的生态服务价值较小，分别为0.26万亿元和0.01万亿元，占比为0.39%和0.01%（表11-1）。从全部生态系统提供的不同生态服务价值来看，2016年，全部生态系统提供的产品供给服务为13.89万亿元，占比为18.1%；调节服务为53.5万亿元，占比为69.8%；文化服务为9.27万亿元，占比为12.1%。在调节服务中，气候调节服务价值最大，为34.1万亿元；其次是水流动调节，为10.7万亿元，固碳释氧价值合计为4.05万亿元。与2015年相比，调节服务和文化服务的生态服务价值占比有所增加，供给服务价值占比下降。在调节服务中，气候调节服务价值占比有所增加，而水流动调节和固碳释氧功能占比有所降低（图 11-1）。

表 11-1　不同生态系统的生态服务价值量　　　　单位：亿元

指标	森林	草地	湿地	耕地	城市	荒漠	海洋	合计
产品供给	42 553.1	1 176.9	56 616.9	30 333.7	—	—	8 304.2	138 984.8
气候调节	18 430.3	9 041.2	313 645.9	×	×	×	—	341 117.4
固碳功能	23 241.1	17 166.4	154.1	×	×	0.0	—	40 561.6
释氧功能	—	—	2 316.2	—	—	—	—	2 316.2
水质净化	201.6	102.3	25.2	199.9	39.9	44.5	—	613.4
大气环境净化	37 939.2	14 173.1	54 510.2	—	—	—	—	106 622.5
水流动调节	73.1	×	×	—	—	—	—	73.1
病虫害防治	2 472.0	55.0	93.5	115.8	16.1	2 568.1	—	5 320.5
土壤保持	6 556.4	271.4	5 895.5	25 647.0	0.0	0.0	—	38 370.2
防风固沙	—	—	—	—	—	—	—	92 751.8
文化服务	131 466.73	41 986.24	433 257.50	56 296.37	56.04	2 612.60	8 304.17	766731

注：文化服务无法分解到不同生态系统，只有合计。大气环境净化服务以不同生态系统的面积为依据进行分解。
×表示未评估，—表示不适合评估。

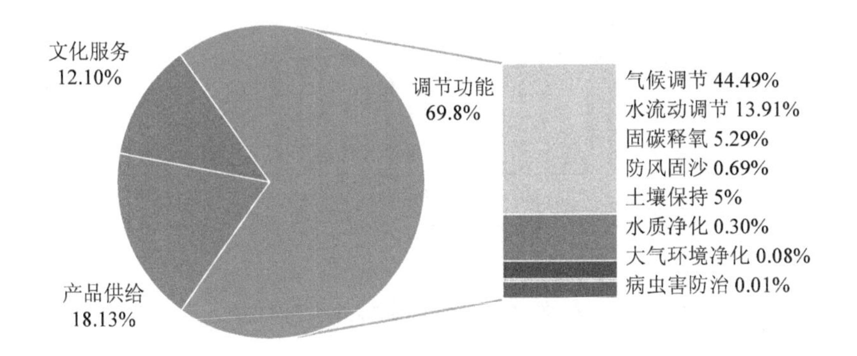

图 11-1　不同生态服务功能价值占比

11.2　不同省份 GEP 核算

2016 年，全国 GEP 较高的省份包括青藏高原的西藏和青海、东北地区的黑龙江、华北地区的内蒙古、华南地区的广东和西南地区的四川。除此之外，西北地区的新疆，华中地区的湖南、湖北 GEP 也都相对较高。西北地区的宁夏、华北的北京和天津、华东地区的上海、华南地区的海南等省市的 GEP 则相对较低。从各省份 GEP 排序情况看（图 11-2），西藏 GEP 最高，达到 6.1 万亿元，与 2015 年相比增加 0.66 万亿元；其次是内蒙古，GEP 为 5.7 万亿元，与 2015 年相比，增加 0.32 万亿元；黑龙江 GEP 为 5.6 万亿元，比 2015 年增加 0.21 万亿元；青海 GEP 为 4.5 万亿元。GEP 位于 3.0 万亿～3.9 万亿元的省份有广东、四川、湖北、新疆、湖南、江苏和江西 7 个省份；GEP 位于 1.0 万亿～2.9 万亿元的省份有云南、广西、山东、安徽、河南、福建、江西、吉林、浙江、河北、辽宁、贵州、甘肃、陕西 14 个省份；山西、重庆、海南、北京、天津、上海和宁夏 7 个省份的 GEP 低于 1 万亿元。

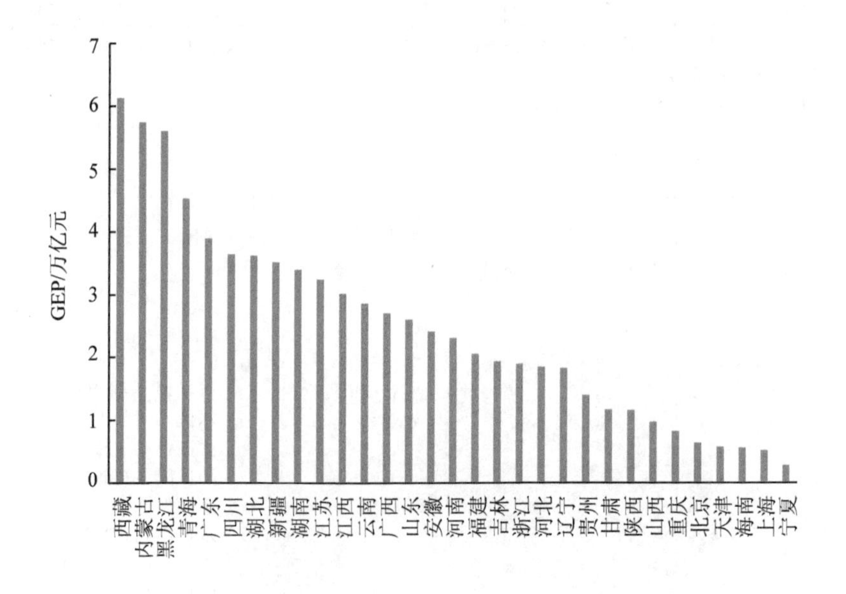

图 11-2　2016 年全国 31 个省份 GEP

GEP 总值较高的省份中的湿地生态系统和森林生态系统提供的 GEP 和单位面积 GEP 都相对较高。黑龙江、西藏、广东、青海、内蒙古湿地生态系统提供的 GEP 较高，分别占总 GEP 的 84.5%、72.5%、48.5%、86.4%、75.03%（图 11-3～图 11-6）。广东森林生态系统提供的 GEP 仅次于湿地生态系统，占比为 35.37%。（图 11-7）。从单位面积 GEP 看，GEP 总值较高的 5 个省份中，湿地单位面积提供的 GEP 都是相对较高的。西藏、黑龙江、内蒙古、广东和青海湿地单位面积 GEP 分别为 0.48 亿元/km^2、0.92 亿元/km^2、0.67 亿元/km^2、2.03 亿元/km^2 和 0.83 亿元/km^2，广东湿地单位面积的 GEP 最大。西藏草地单位面积 GEP 为 0.02 亿元/km^2，相对较低。内蒙古、黑龙江和西藏森林单位面积 GEP 较低，均为 0.03 亿元/km^2。2016 年 31 个省份不同生态服务功能价值核算结果如表 11-2 所示。

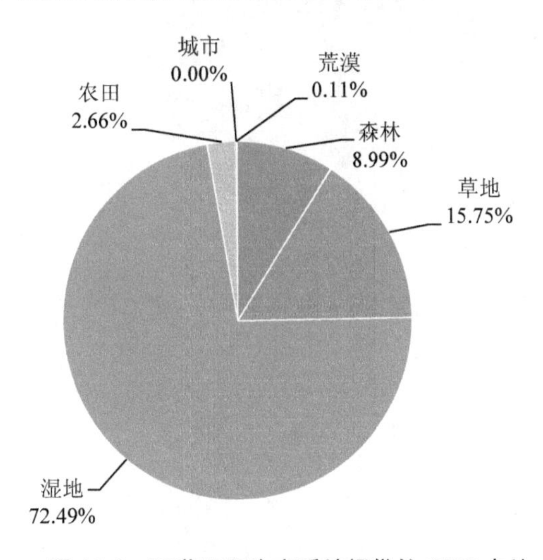

图 11-3　西藏不同生态系统提供的 GEP 占比

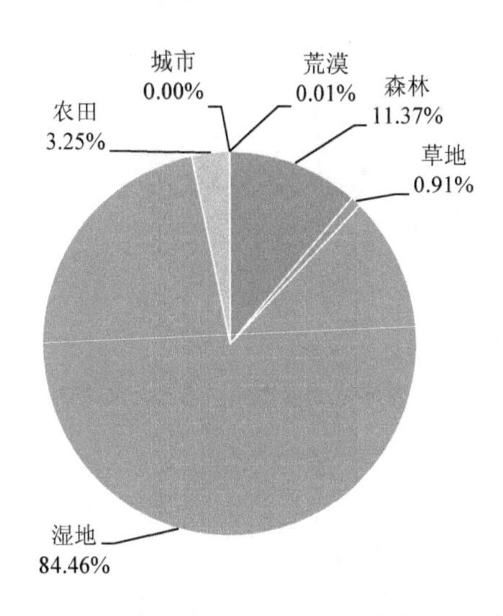

图 11-4　黑龙江不同生态系统提供的 GEP 占比

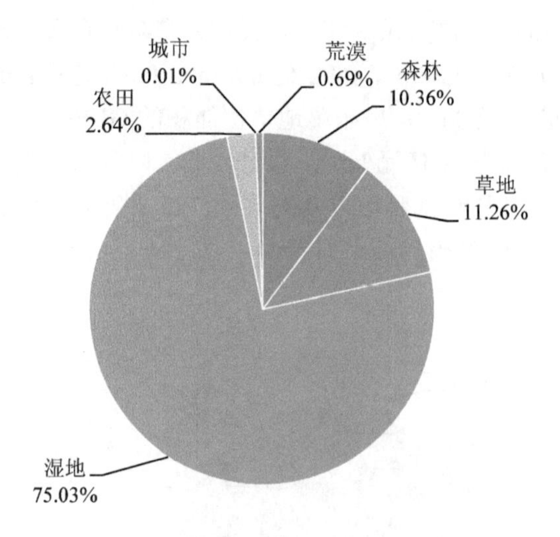

图 11-5 内蒙古不同生态系统提供的 GEP 占比

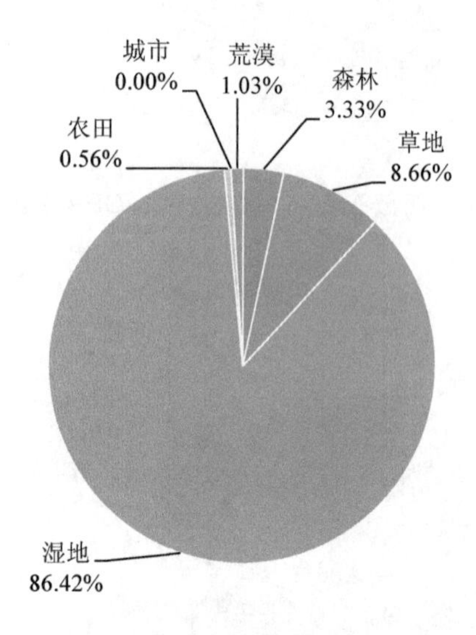

图 11-6 青海不同生态系统提供的 GEP 占比

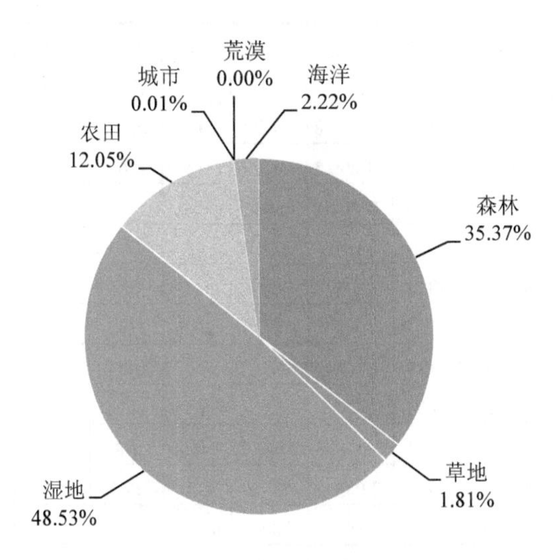

图 11-7 广东不同生态系统提供的 GEP 占比

表 11-2 2016 年 31 个省份不同生态服务功能价值核算

单位：亿元

省份	产品供给	固碳释氧	水流动调节	气候调节	土壤保持	防风固沙	水质净化	大气环境净化	病虫害防治	文化服务
北京	1 887.3	88.5	183.9	649.1	28.4	0.6	1.6	2.9	0.2	3 514.0
天津	1 119.4	6.1	132.1	2 282.6	4.6	0.2	3.7	4.8	0.0	2 170.0
河北	7 122.3	581.1	1 241.4	5 918.5	222.7	12.3	8.4	24.0	3.0	3 258.2
山西	2 134.3	585.8	1 129.7	2 471.2	253.2	11.5	1.8	33.7	1.0	2 973.0
内蒙古	4 487.3	3 477.6	12 719.0	33 243.9	489.9	959.6	42.1	57.6	7.9	1 900.3
辽宁	5 129.0	659.7	2 292.7	6 778.5	264.1	8.9	32.2	29.8	4.7	2 957.5
吉林	3 516.2	961.9	3 584.2	8 730.3	345.6	15.8	20.9	19.3	2.3	2 028.2
黑龙江	4 796.0	2 104.1	11 481.1	35 779.5	523.2	37.2	95.0	24.3	4.7	1 122.3
上海	771.9	1.0	35.9	1 592.4	2.5	0.0	24.2	9.7	0.0	2 674.0
江苏	8 209.3	35.5	294.0	16 501.8	75.6	0.5	71.1	28.8	0.1	7 140.0
浙江	4 202.3	607.7	2 513.2	4 077.3	1 685.2	0.3	95.2	20.7	1.2	5 665.3
安徽	5 628.5	354.8	3 359.9	10 292.1	849.1	0.4	129.8	13.6	2.7	3 452.4
福建	6 590.7	1 223.5	4 047.8	2 332.1	3 378.1	0.2	144.6	20.2	2.2	2 754.6
江西	4 003.1	1 183.4	8 621.2	10 196.1	2 488.8	0.2	122.0	18.9	3.2	3 495.3
山东	10 594.0	145.1	1 052.5	8 370.6	161.2	3.1	21.5	29.1	0.2	5 614.0
河南	9 636.7	337.6	1 650.8	6 374.2	223.1	3.8	42.0	21.6	2.9	4 734.8
湖北	5 631.4	902.1	5 224.4	19 590.2	1 268.4	1.4	91.5	12.8	3.3	3 409.0

省份	产品供给	固碳释氧	水流动调节	气候调节	土壤保持	防风固沙	水质净化	大气环境净化	病虫害防治	文化服务
湖南	6 723.1	1 256.2	7 608.3	12 137.8	2 657.5	0.5	230.0	13.5	3.7	3 295.2
广东	8 565.4	1 456.9	6 248.0	11 296.5	3 069.6	0.5	106.4	45.6	2.2	8 092.0
广西	5 338.9	2 242.7	5 027.1	7 771.9	3 394.5	0.6	271.6	20.5	2.9	2 934.0
海南	1 342.9	355.2	833.4	2 134.9	375.3	1.3	23.3	3.3	0.1	468.7
重庆	2 302.9	360.1	948.8	1 773.9	874.4	0.3	20.6	11.8	2.0	1 851.6
四川	8 428.3	3 210.5	3 402.7	11 439.0	4 249.9	30.5	277.1	13.7	6.1	5 320.0
贵州	3 107.5	1 279.3	2 465.9	1 704.8	1 663.1	0.7	108.0	16.1	1.5	3 519.3
云南	4 562.2	4 053.2	3 747.4	7 627.1	5 027.1	4.5	213.5	24.9	5.3	3 308.4
西藏	196.8	5 880.8	6 403.1	44 646.3	2 956.1	946.2	8.3	1.4	2.5	231.5
陕西	3 280.2	1 100.0	770.2	3 084.8	512.2	8.1	29.7	24.0	3.2	2 669.4
甘肃	2 224.2	1 205.9	1 212.0	5 187.2	380.1	456.6	35.6	18.8	1.0	854.0
青海	538.8	2 296.2	4 989.5	35 830.2	647.5	738.6	12.6	5.3	0.5	217.2
宁夏	883.2	86.0	146.2	1 399.9	16.1	20.8	13.3	16.6	0.0	147.0
新疆	6 030.5	2 523.2	3 256.1	19 903.0	283.4	2056	18.6	26.3	2.4	980.7

11.3 主要指标分析

11.3.1 气候调节

2016 年，气候调节 GEP 总价值为 31.1 万亿元，占 GEP 总价值的 49.5%；其中，森林生态系统气候调节价值为 1.8 万亿元，占气候调节总价值的 5.4%；草地为 0.9 万亿元，占气候调节总价值的 2.7%；湿地为 31.4 万亿元，占气候调节总价值的 91.9%（图 11-8）。全国气候调节价值较高的省份有 6 个，分别为西藏（4.5 万亿元）、青海（3.58 万亿元）、黑龙江（3.57 万亿元）、内蒙古（3.32 万亿元）。而华东大部、华北地区的气候调节价值则相对较小（图 11-9）。全国气候调节价值较高的省份中，与 2015 年相比，西藏增加 0.07 万亿元，青海增加 0.05 万亿元，黑龙江增加 0.047 万亿元，内蒙古下降 0.21 万亿元。

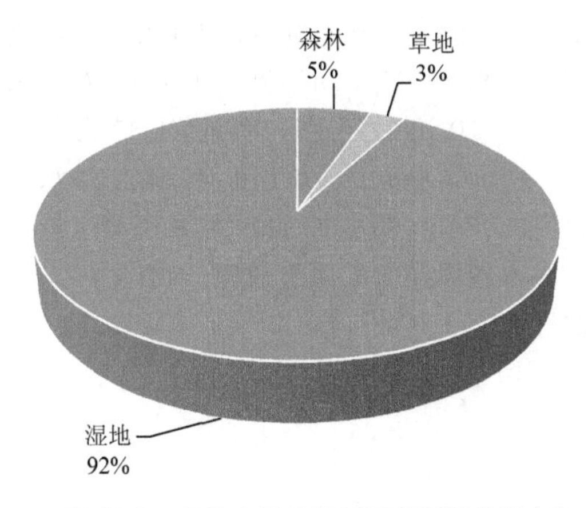

图 11-8　各生态系统气候调节服务价值占比

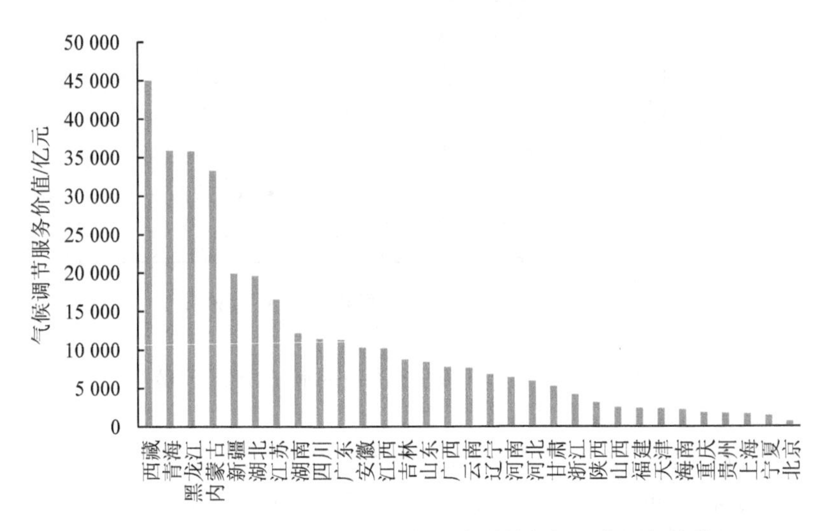

图 11-9　2016 年我国 31 省份生态系统气候调节服务价值

11.3.2　水流动调节

水流动调节由水源涵养和洪水调蓄两部分组成。其中水源涵养价值是生态系统通过吸收、渗透降水，增加地表有效水的蓄积量，有效涵养土壤水分、缓和地表径流和补充地下水、调节河川流量而产生的生态效应。本书主要计算了森林生态系统和草地生态系统的水源涵养价值，2016 年，我国森林生态系统和草地生态系统的水源涵养价值为 5.2 万亿元（图 11-10），其中，森林生态系统的水源涵养价值为 3.8

万亿元，草地生态系统的水源涵养价值为 1.4 万亿元，我国水源涵养价值呈现自东南向西北递减的空间趋势，江西（0.76 万亿元）、湖南（0.59 万亿元）、广东（0.50 万亿元）、西藏（0.37 万亿元）等省份水源涵养价值较大，占全国水源涵养价值的 42.5%。洪水调蓄功能指湿地生态系统（湖泊、水库、沼泽等）通过蓄积洪峰水量削减洪峰，从而减轻河流水系洪水威胁产生的生态效应。2016 年，我国湿地生态系统的洪水调蓄价值为 5.5 万亿元。

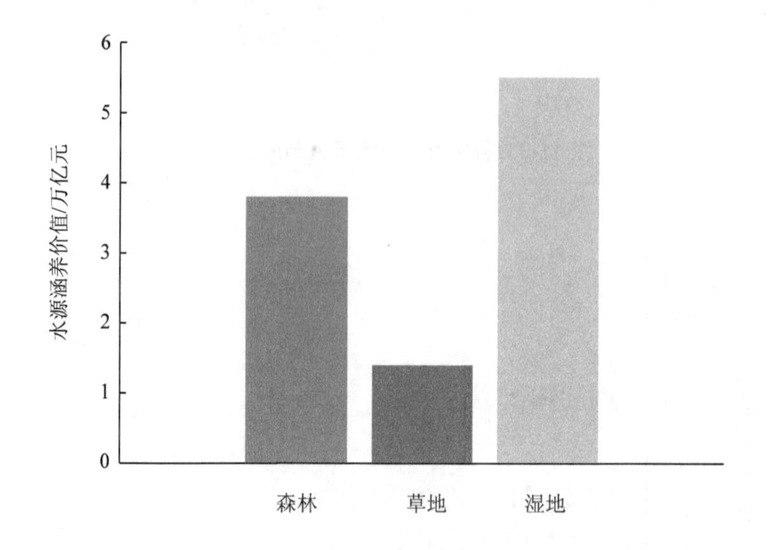

图 11-10　2016 年不同生态系统的水流动调节价值

从各省份的水流动调节来看，内蒙古（1.27 万亿元）、黑龙江（1.15 万亿元）、江西（0.86 万亿元）、湖南（0.76 万亿元）、西藏（0.64 万亿元）等 5 个省份的水流动调节价值最大，占全国各省份的 43.9%。这 5 个省份中，内蒙古、黑龙江水流动调节价值主要来自湿地系统的洪水调蓄，其他省份水流动调节价值主要来自森林生态系统和草地生态系统的水源涵养价值。上海、天津、北京和宁夏等省份的水流动调节价值相对较低，均在 0.03 万亿元以下（图 11-11）。

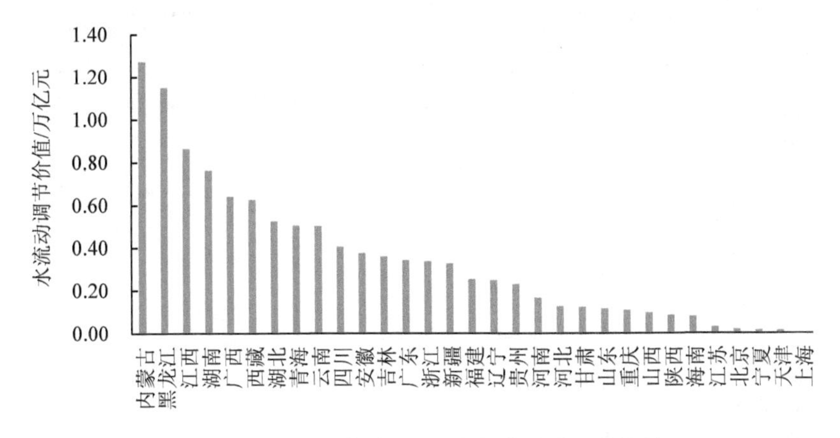

图 11-11　2016 年我国 31 省份水流动调节价值

11.3.3　固碳释氧

2016 年，我国生态系统共固碳 42.25 亿 t，释放氧气 31.30 亿 t，其中，森林生态系统固碳 24.21 亿 t，释氧 17.93 亿 t；草地生态系统固碳 17.88 亿 t，释氧 13.24 亿 t；湿地生态系统固碳 0.16 亿 t，释氧 0.12 亿 t。利用 2016 年各省份的碳交易价格计算固碳价值量，全国生态系统固碳价值量为 769.8 亿元。西藏（111.6 亿元，14.5%）、云南（76.9 亿元，10.0%）、内蒙古（66.0 亿元，8.6%）、四川（60.9 亿元，7.9%）、新疆（47.9 亿元，6.2%）等地的固碳价值量较大，占我国固碳总价值量的 47.2%。而上海（0.02 亿元，0.002%）、天津（0.12 亿元，0.02%）、江苏（0.67 亿元，0.09%）、宁夏（1.63 亿元，0.21%）和北京（1.68 亿元，0.22%）等地的固碳价值量则相对较少，其总和占比仅约为 0.54%。

按照《森林生态系统服务功能评估规范》（GB/T 38582—2020）中推荐的氧气价格，依据消费者物价指数（CPI）折算到 2016 年，得到全国生态系统释氧价值为 39 791.8 亿元。西藏（5 769.2 亿元，14.5%）、云南（3 976.2 亿元，10.0%）、内蒙古（3 411.6 亿元，8.6%）、四川（3 149.6 亿元，7.9%）、新疆（2 475.3 亿元，6.2%）等地的释氧价值量较大，占我国释氧总价值量的 47.2%。而上海（1.0 亿元，0.002%）、天津（6.0 亿元，0.02%）、江苏（34.8 亿元，0.09%）、宁夏（84.4 亿元，0.21%）和北京（86.8 亿元，0.22%）等地的释氧价值量则相对较少，其总和占比仅约为 0.54%。

我国生态系统的固碳释氧的价值量的分布与 NPP 密切相关，固碳释氧价值量较高的地区主要分布在森林密集地区，如长江沿岸及长江以南的大部分地区、东北部分地区的固碳释氧价值量较高（图 11-12）。

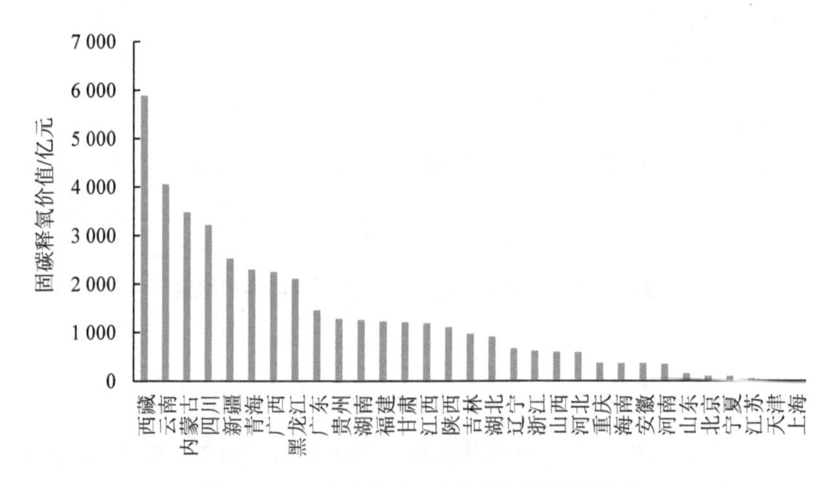

图 11-12　2016 年 31 个省份固碳释氧价值

11.3.4　土壤保持

我国降雨集中，山地丘陵面积比重高，是世界上土壤侵蚀最严重的国家之一，我国每年约有 50 亿 t 泥沙流入江河湖海，其中 62%左右来自耕地表层，森林生态系统和农田生态系统在土壤保持方面发挥着重要作用。2016 年，生态系统土壤保持价值为 3.84 万亿元，占 GEP 的比重为 5.00%，与 2015 年相比占比上升 0.2%。其中，森林生态系统土壤保持价值为 2.56 万亿元，占比为 66.8%；草地生态系统土壤保持价值为 0.7 万亿元，占比为 17.1%；湿地生态系统土壤保持价值为 0.03 万亿元，占比为 0.7%。

全国土壤保持价值较高的省份有 7 个，分别是西南地区的四川、广西、西藏和云南，华南地区的湖南、广东和福建。除此之外，江西和贵州也有相对较高的土壤保持价值，而华北大部分地区土壤保持价值相对较低。从各省份土壤保持价值排序情况来看，云南的生态系统土壤保持价值最高，达到 5 027.1 亿元；其次是四川和广西，生态系统土壤保持价值分别为 4 249.9 亿元和 3 394.5 亿元。生态系统土壤保持价值位于 2 000 亿～3 000 亿元的省份有西藏、湖南、江西，生态系统土壤保持价值位于 1 000 亿～2 000 亿元的省份有浙江、贵州和湖北，生态系统土壤保持价值低于 100 亿元的省份有江苏、宁夏、北京、天津和上海 5 个省份（图 11-13）。

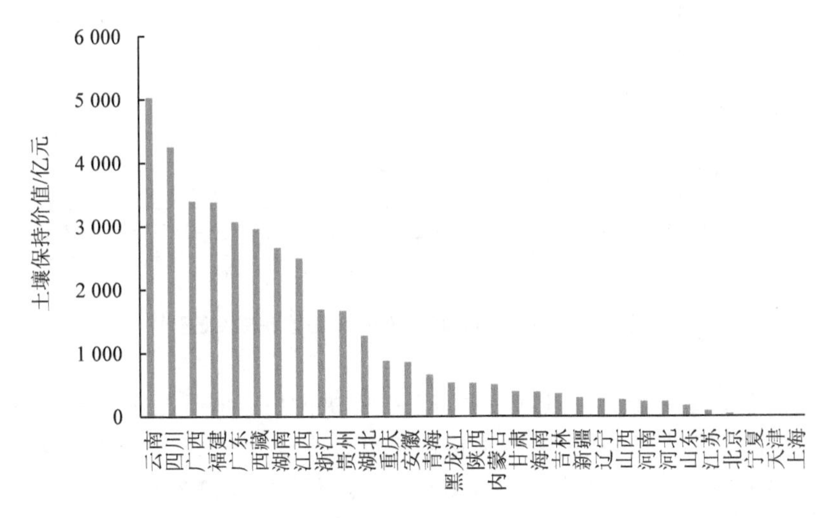

图 11-13 2016 年我国 31 个省份土壤保持价值

11.4 GEP 核算综合分析

采用单位面积 GEP 和人均 GEP 两个指标，对 GEP 进行综合分析。GEP 作为生态系统为人类提供的产品与服务价值的总和，其大小与不同生态系统的面积有直接关系，利用单位面积 GEP 这个相对指标更能反映区域实际提供生态服务的能力。单位面积 GEP 最高的省份主要有上海（8 113.7 万元/km^2）、天津（5 065.0 万元/km^2）、北京（3 783.6 万元/km^2）、江苏（3 153.7 万元/km^2）、广东（2 160.2 万元/km^2），上海、北京、天津等省份的 GEP 虽然相对较小，但因其面积也比较小，导致其单位面积的 GEP 相对较高。单位面积 GEP 最低的省份主要有新疆（211.3 万元/km^2）、甘肃（254.7 万元/km^2）和宁夏（411 万元/km^2）等西部地区省份（图 11-14）。

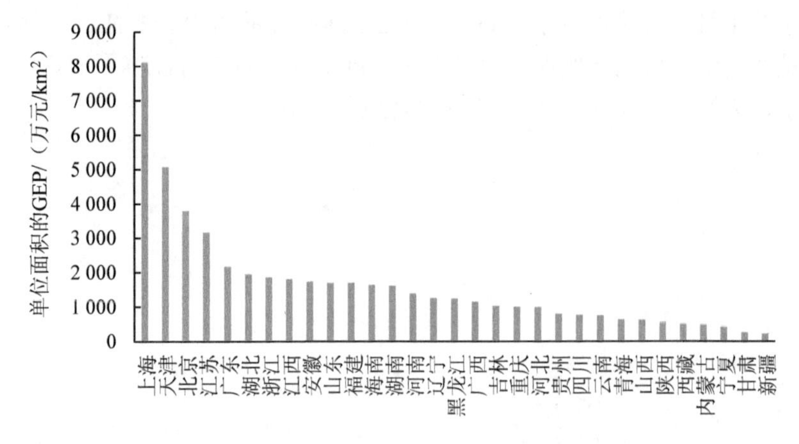

图 11-14　2016 年 31 个省份单位面积的 GEP

人口相对较少，但自然生态系统提供的生态服务相对较大的西部地区，其人均 GEP 相对较高。人均 GEP 最高的省份主要有西藏（185.1 万元/人）、青海（76.4 万元/人）、内蒙古（22.7 万元/人）。人均 GEP 最低的省份主要有上海（2.1 万元/人）、河南（2.4 万元/人）、河北（2.5 万元/人）、山东（2.6 万元/人）、山西（2.6 万元/人）（图 11-15）。从绿金指数（GEP/GDP）来看，绿金指数大于 1 的省份有 15 个省份，主要分布在西部地区。绿金指数较高的省份主要有西藏（53.2）、青海（17.6）、黑龙江（3.6）、新疆（3.6）和内蒙古（3.2）。西藏和青海位于我国青藏高原，经济发展相对较弱，但生态服务价值相对较大。绿金指数小于 0.4 的省份主要有上海（0.18）、北京（0.25）、天津（0.32）、山东（0.38）（图 11-15）。

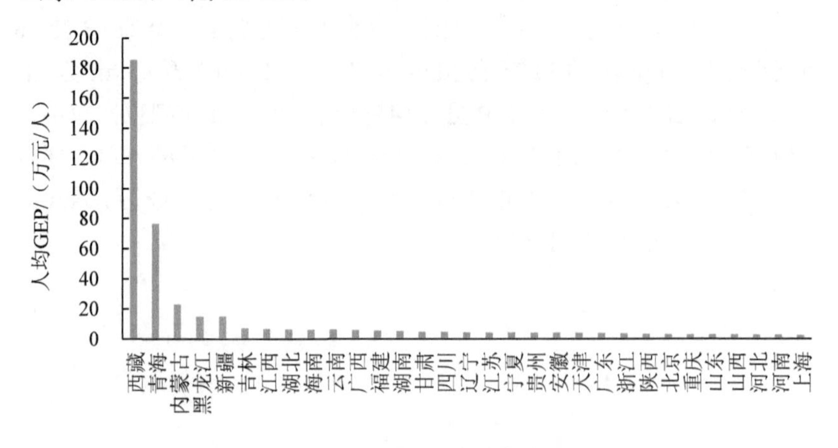

图 11-15　2016 年 31 个省份人均 GEP

从 GEP 核算的角度看，大、小兴安岭森林生态功能区，三江源草原草甸湿地生态功能区，藏东南高原边缘森林生态功能区，若尔盖草原湿地生态功能区，南岭山地森林及生物多样性生态功能区，呼伦贝尔草原草甸生态功能区，科尔沁草原生态功能区，川滇森林及生物多样性生态功能区，三江平原湿地生态功能区等国家重点生态功能区的生态服务价值相对较大，但按照主体功能区划要求，这些地区都是限制开发区，其社会经济发展水平严重受限。其中，以西藏和青海为主体的生态功能区，无论是 GEP 总值还是人均 GEP 都相对较高。但其经济落后，西藏和青海绿金指数 GGI 分别为 53.2 和 17.6，远远高于其他省份（图 11-16）。这些地区需以 GEP 核算价值为基础，像保护眼睛一样保护生态环境，像对待生命一样对待生态环境。同时，也需要寻找变生态要素为生产要素、变生态财富为物质财富的道路，提高绿色产品的市场供给，争取国家的生态补偿，转变社会经济发展的考核评估体系，实现“绿水青山”就是“金山银山”的重要转变。

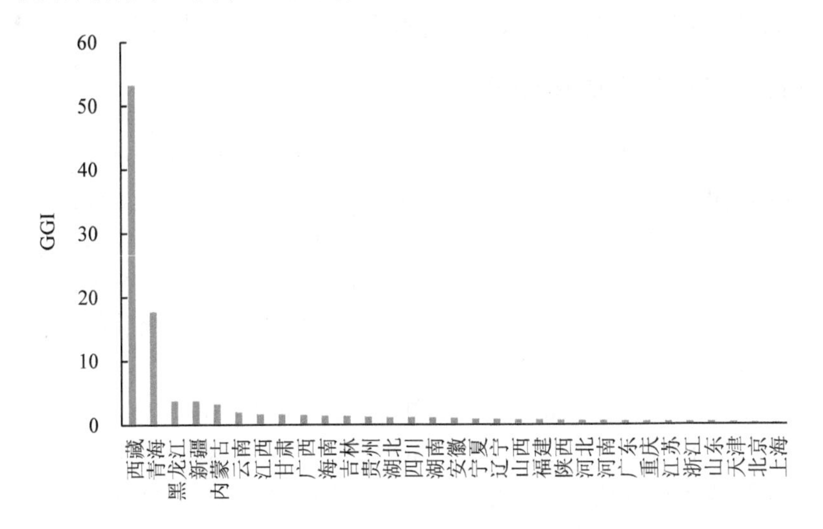

图 11-16　2016 年 31 个省份 GGI

第12章 2016年GEEP核算

经济生态生产总值（Gross Economic-Ecological Product，GEEP）是在经济系统生产总值的基础上，考虑人类在经济生产活动中对生态环境的损害和生态系统对经济系统的福祉。即在绿色GDP核算的基础上，增加生态系统给人类提供的生态福祉。其中，生态环境的损害主要用人类活动对生态系统的破坏成本和环境退化成本表示，生态系统对人类的福祉用GEP表示，因GEP中的产品供给服务和文化服务价值已在GDP中进行了核算，为减少重复，需进行扣除。

12.1 GEEP核算结果

2016年，我国GEEP是128.6万亿元，比2015年增加7.22%。其中，GDP为78万亿元，生态破坏成本为0.76万亿元，污染损失成本为2.12万亿元，生态环境成本比2015年增加了7.2%。生态系统生态调节服务为53.5万亿元，比2015年增长7.1%。生态系统调节服务对经济生态生产总值的贡献大，占比为41.6%；生态系统破坏成本和污染损失成本占比约为2.2%。

从相对量来看，2016年我国单位面积GEEP为1 338.5万元/km^2，人均GEEP为9.3万元，是人均GDP的1.6倍。西藏、内蒙古、黑龙江和新疆等省份是我国人均GEEP最高的省份，这4个省份的人均GEEP都超过14万元（图12-1）。这4个省份的人均GEEP是其人均GDP的3倍以上，尤其是西藏和青海，其人均GEEP是人均GDP的14倍以上。除黑龙江外，其他3个省份都分布在我国西部地区，属于地广人稀、生态功能突出，但生态环境脆弱敏感的地区。

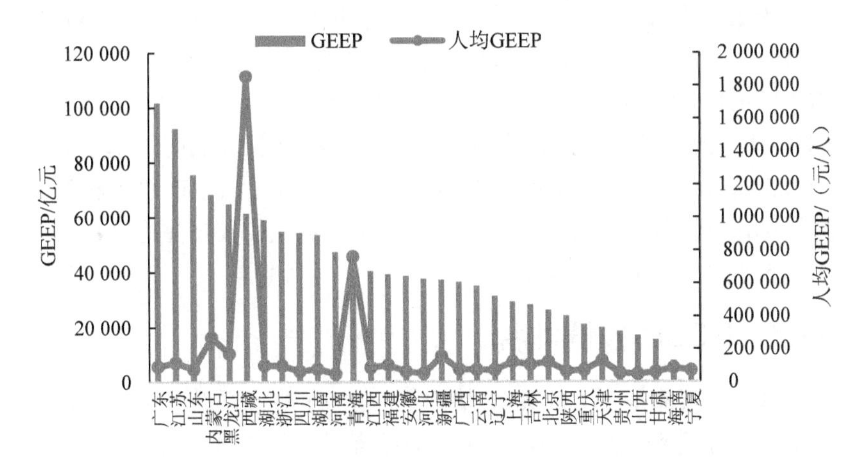

图 12-1　2016 年我国 31 个省份 GEEP 与人均 GEEP

12.2　GEEP 空间分布

从东、中、西部 3 个区域看，2016 年，我国东部、中部和西部 GDP 占全国 GDP 的比重分别为 55.4%、24.5%和 20.1%。而东部、中部和西部 GEEP 占全国 GEEP 的比重分别为 40.0%、27.2%和 32.8%。我国西部地区的 GEEP 占比明显高于其 GDP 占比。西部地区是我国重要的生态屏障区，不仅是大江大河的源头，更是我国生态屏障区，第一批国家重点生态功能区中，有 67%分布在西部地区。西部地区生态系统提供的生态服务大，污染损失成本相对较低。我国污染损失成本主要分布在东部地区，占比为 54.1%，西部地区占比为 21.2%。在一正一负的拉锯下，西部地区的经济生态生产总值提高很大，占比已接近东部地区。我国广东、江苏、山东、浙江等省份的 GEEP 大，占比为 25.2%。

党的十九大报告提出，中国特色社会主义进入新时代，我国社会主要矛盾已经转化为人民日益增长的美好生活需要和不平衡不充分的发展之间的矛盾。我国经济发展不平衡，区域之间经济差异大。按照联合国有关组织提出的基尼系数规定，基尼系数低于 0.2，收入绝对平均；基尼系数在 0.2～0.3，收入比较平均；基尼系数在 0.3～0.4，收入相对合理；基尼系数在 0.4～0.5，收入差距较大；基尼系数在 0.5 以上，收入差距悬殊。基尼系数假定一定数量的人口按收入由低到高顺序排队，将这些人口分为人数相等的 n 组，从第 1 组到第 i 组人口累计收入占全部人口总收入的比重为 w_i，根据定积分的定义将洛伦兹曲线的积分分成 n 个等高梯形的面积之和进行计算。本书根据 31 个省份 GDP 和人口两个指标，计算我国区域基尼系数，2016 年基于 GDP 计算的区域基尼系数为 0.51，基于 GEEP 计算的区域基尼系数为 0.50。如果利用 GEEP 进行一个地区的经济生态生产总值核算，我国的区域差距将趋于缩小。当然，这个前提是需要把生态系统的生态调节服务的价值市场化。

12.3 GEEP 省份排名

GEEP 核算是在 GGDP 的基础上，增加了生态系统给人类经济系统提供的生态服务价值。由于生态系统提供的生态服务价值较大，生态系统的省份分布不均衡性，导致我国 31 个省份 GEEP 排名和 GDP 排名相比，变化幅度较大。除了江苏、山东、广东、湖北等 4 个省份的排序没有变化外，其他省份的排序都有所变化（图 12-2）。GEEP 核算体系对于生态面积大、生态功能突出的省份排序有利，对于生态面积小、生态环境成本又高的地区排序不利。GEEP 排名比 GDP 排名降低幅度大的省份主要有北京、上海、河北、天津、陕西、河南等省市。北京从 GDP 排名第 12 位降低到 GEEP 排名第 23 位，上海从 GDP 排名第 11 位降低到 GEEP 排名第 21 位，天津从 GDP 排名第 19 位降低到 GEEP 排名第 26 位，河北从 GDP 排名第 8 位降低到 GEEP 排名第 16 位，陕西从 GDP 排名第 15 位降低到 GEEP 排名第 24 位。

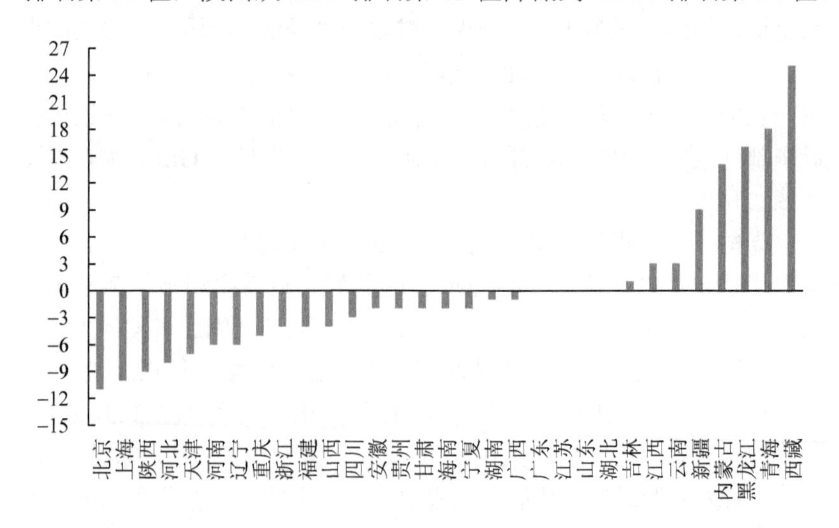

图 12-2　2016 年我国 31 个省份 GEEP 排序相对 GDP 排序变化情况

内蒙古、黑龙江、云南、青海、西藏等省份都是我国重要的生态功能区，生态面积大，生态功能突出。这些省份 GEEP 的核算结果都远高于其 GDP 的核算结果。其中，云南 GEEP 是 GDP 的 2.8 倍，内蒙古 GEEP 是 GDP 的 2.4 倍，新疆 GEEP 是 GDP 的 3.9 倍，青海 GEEP 是 GDP 的 17.6 倍，西藏 GEEP 是 GDP 的 53.3 倍。这些省份的 GEEP 排名相较于 GDP 排名有较大幅度增加。内蒙古从 GDP 排名第 18 位上升到 GEEP 排名第 4 位，黑龙江从 GDP 排名第 21 位上升到 GEEP 排名第 5 位，云南从 GDP 排名第 22 位上升到 GEEP 排名第 19 位，青海从 GDP 排名第 30 位上升到 GEEP 排名第 12 位，西藏从 GDP 排名第 31 位上升到 GEEP 排名第 6 位。

进一步以全国 31 个省份人口和 GDP 均值、人口和 GEEP 均值作为原点，构建 GDP 和 GEEP 相对人口的散点象限分布图（图 12-3 和图 12-4）。通过对比图 12-3 和图 12-4 中省份的象限变化情况可知，除河北由图 12-3 第一象限变成图 12-4 第二象限外，图 12-3 第一象限的经济和人口大省，在图 12-4 中仍分布在第一象限，说明这些省份经济生态生产总值仍都高于全国平均水平。图 12-3 第三象限的西藏、黑龙江、内蒙古移至图 12-4 的第四象限，说明 3 个省份在生态调节服务正效益的拉动下，其 GEEP 超过了全国平均水平。北京和上海的 GDP 超过全国平均水平，但其 GEEP 低于全国平均水平。

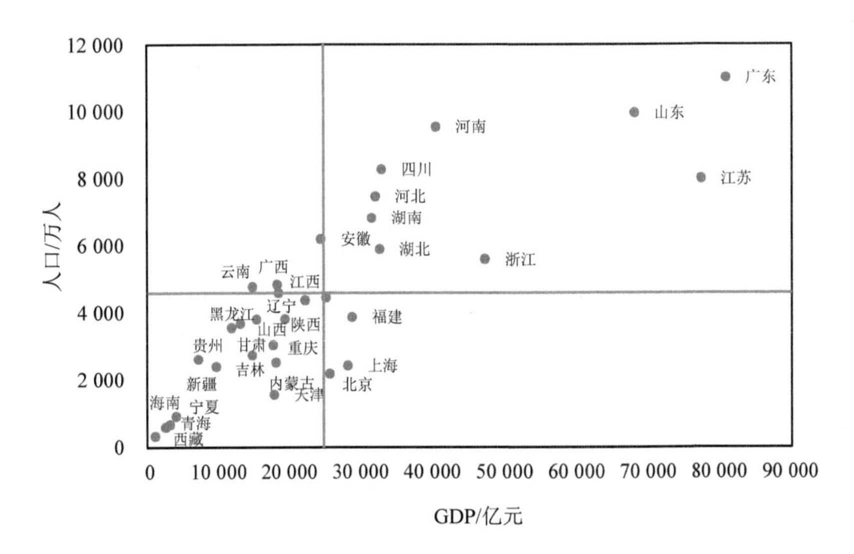

图 12-3　2016 年我国 31 个省份人口与 GDP 不同象限分布情况

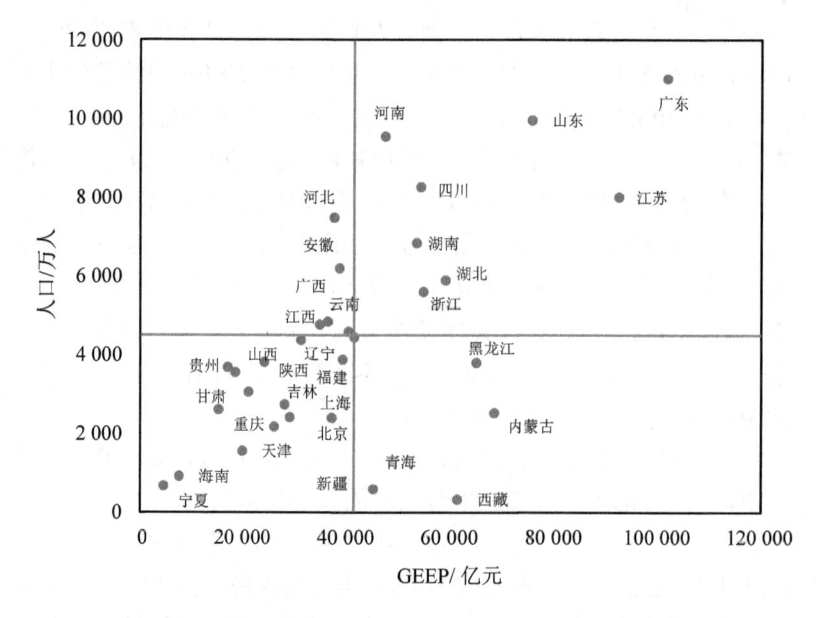

图 12-4　2016 年我国 31 个省份人口与 GEEP 不同象限分布情况

附录

附录 1　2015 年我国 31 个省份核算结果

地区	省份	GDP/亿元	环境退化成本/亿元	环境退化指数/%	生态环境成本/亿元	生态环境成本指数/%	绿色GDP/亿元	GEP/亿元	生态调节服务/亿元	绿金指数	GEEP/亿元
东部	北京	23 014.6	544.9	1.9	545.9	2.37	22 468.6	5 470.1	868.5	0.2	23 337.2
	天津	16 538.2	381.1	2.3	381.8	2.31	16 156.4	5 195.3	2 403.6	0.3	18 560.0
	河北	29 806.1	1 993.7	5.6	2 324.7	7.80	27 481.4	16 180.4	7 431.5	0.5	34 913.0
	辽宁	28 669.0	803.8	3.0	1 122.3	3.91	27 546.7	16 895.7	9 265.6	0.6	36 812.3
	上海	25 123.5	642.4	2.0	716.7	2.85	24 406.7	4 688.4	1 662.8	0.2	26 069.5
	江苏	70 116.4	1 763.1	2.0	2 072.1	2.96	68 044.3	30 268.3	16 771.7	0.4	84 816.0
	浙江	42 886.5	1 019.2	2.1	1 080.4	2.52	41 806.1	18 942.7	9 246.1	0.4	51 052.1
	福建	25 979.8	402.0	1.6	511.8	1.97	25 468.0	16 866.7	8 635.4	0.6	34 103.5
	山东	63 002.3	1 992.7	2.7	2 103.9	3.34	60 898.5	25 173.3	9 636.7	0.4	70 535.1
	广东	72 812.6	1 199.5	1.5	1 299.0	1.78	71 513.5	35 489.6	17 477.2	0.5	88 990.7
	海南	3 702.8	35.0	1.0	36.4	0.98	3 666.3	4 562.3	3 175.8	1.2	6 842.2
	小计	401 652	10 778	2.3	12 195.0	3.04	389 457	179 732.6	86 574.8	0.4	476 031.5
	占全国比/%	55.6	53.7		45.7		55.9	25.5	17.4		39.9
中部	山西	12 766.5	403.2	3.1	435.4	3.41	12 331.1	8 224.5	3 748.8	0.6	16 079.9
	吉林	14 063.1	313.3	1.9	345.1	2.45	13 718.1	16 735.1	12 198.6	1.2	25 916.7
	黑龙江	15 083.7	373.7	2.6	443.9	2.94	14 639.8	53 894.2	48 255.9	3.6	62 895.7
	安徽	22 005.6	603.8	2.4	707.6	3.22	21 298.0	22 437.2	14 516.4	1.0	35 814.4
	江西	16 723.8	345.3	1.9	634.5	3.79	16 089.2	26 976.7	20 927.8	1.6	37 017.0
	河南	37 002.2	1 564.8	3.5	1 612.0	4.36	35 390.1	20 931.2	8 278.6	0.6	43 668.7
	湖北	29 550.2	566.1	1.8	603.0	2.04	28 947.1	35 243.9	25 908.2	1.2	54 855.3
	湖南	28 902.2	764.6	2.2	1 767.9	6.12	27 134.3	30 548.8	22 098.2	1.1	49 232.5
	小计	176 097	4 935	2.5	6 549.5	3.72	169 548	214 991.5	155 932.5	1.2	325 480.2
	占全国比/%	24.4	24.6		24.6		24.4	30.5	31.4		27.3

地区	省份	GDP/亿元	环境退化成本/亿元	环境退化指数/%	生态环境成本/亿元	生态环境成本指数/%	绿色GDP/亿元	GEP/亿元		绿金指数	GEEP/亿元
									生态调节服务/亿元		
西部	内蒙古	17 831.5	516.2	2.4	710.8	3.99	17 120.8	54 208.3	47 809.1	3.0	64 929.8
	广西	16 803.1	375.9	2.0	615.0	3.66	16 188.1	26 811.1	19 388.6	1.6	35 576.7
	重庆	15 717.3	572.4	3.3	621.3	3.95	15 096.0	7 851.3	3 868.1	0.5	18 964.1
	四川	30 053.1	730.6	2.2	1 174.6	3.91	28 878.5	33 488.1	22 095.4	1.1	50 973.9
	贵州	10 502.6	419.7	2.7	517.5	4.93	9 985.0	11 668.6	6 701.9	1.1	16 687.0
	云南	13 619.2	288.4	1.7	552.2	4.05	13 067.0	27 596.2	20 466.4	2.0	33 533.4
	西藏	1 026.4	48.2	3.6	311.6	30.36	714.8	54 691.4	54 262.5	53.3	54 977.2
	陕西	18 021.9	620.2	3.0	740.3	4.11	17 281.6	10 070.4	5 394.6	0.6	22 676.1
	甘肃	6 790.3	295.9	3.8	362.2	5.33	6 428.2	10 058.4	7 498.7	1.5	13 926.9
	青海	2 417.1	85.6	3.7	1 734.6	71.76	682.5	42 317.0	41 638.1	17.5	42 320.6
	宁夏	2 911.8	172.7	5.5	180.5	6.20	2 731.3	2 579.7	1 631.6	0.9	4 362.9
	新疆	9 324.8	217.7	2.9	394.2	4.23	8 930.6	29 982.2	24 121.2	3.2	33 051.8
	小计	145 019	4 343	2.6	7 914.7	5.46	137 104	311 322.8	254 876.2	2.1	391 980.4
	占全国比/%	20.1	21.7		29.7		19.7	44.1	51.2		32.8
	全国	722 768	20 056	2.8	26 659.2	3.69	696 109	706 046.9	497 383.5	0.98	1 193 492.1

注：环境退化成本中的污染事故损失是全国总量数据，缺少分地区数据，所以附表中的环境退化成本未包含污染事故损失。

附录 2　2016 年我国 31 个省份核算结果

地区	省份	GDP/亿元	环境退化成本/亿元	环境退化指数/%	生态环境成本/亿元	生态环境成本指数/%	绿色GDP/亿元	GEP/亿元	生态调节服务/亿元	绿金指数	GEEP/亿元
东部	北京	30 320.0	572.9	2.3	580.3	2.26	25 088.8	6 356.5	955.2	0.2	26 044.0
	天津	18 809.6	431.5	2.4	437.6	2.45	17 447.8	5 723.5	2 434.0	0.3	19 881.8
	河北	36 010.3	2 018.6	6.6	2 464.3	7.68	29 606.2	18 391.8	8 011.3	0.6	37 617.5
	辽宁	25 315.4	755.2	3.1	1 020.5	4.59	21 226.4	18 157.0	10 070.5	0.8	31 296.9
	上海	32 679.9	647.5	2.3	714.9	2.54	27 463.8	5 111.6	1 665.7	0.2	29 129.5
	江苏	92 595.4	1 874.8	2.2	2 050.7	2.65	75 337.6	32 356.5	17 007.3	0.4	92 344.8
	浙江	56 197.2	1 159.5	2.9	1 449.2	3.07	45 802.2	18 868.3	9 000.7	0.4	54 802.9
	福建	35 804.0	581.8	1.9	675.6	2.35	28 134.9	20 494.0	11 148.7	0.7	39 283.6
	山东	76 469.7	2 099.8	3.1	2 198.7	3.23	65 825.8	25 991.3	9 783.3	0.4	75 609.1
	广东	97 277.8	1 444.5	1.5	1 387.1	1.72	79 467.8	38 883.1	22 225.7	0.5	101 693.5
	海南	4 832.1	47.0	0.9	37.5	0.93	4 015.7	5 538.3	3 726.6	1.4	7 742.3
	小计	506 311	11 632.9	2.7	13 016.3	3.01	419 417	195 872.0	96 029.1	0.5	515 446.1
	占全国比/%	55.4	52.9		45.3		55.8	25.5	17.9		40.1
中部	山西	16 818.1	513.7	3.5	495.9	3.80	12 554.5	9 595.3	4 488.0	0.7	17 042.5
	吉林	15 074.6	293.1	2.1	342.8	2.32	14 434.0	19 224.6	13 680.3	1.3	28 114.3
	黑龙江	16 361.6	417.8	2.4	453.5	2.95	14 932.6	55 967.4	50 049.1	3.6	64 981.7
	安徽	30 006.8	725.6	2.6	753.4	3.09	23 654.2	24 083.3	15 002.4	1.0	38 656.6
	江西	21 984.8	413.1	2.3	741.3	4.01	17 757.7	30 132.1	22 633.7	1.6	40 391.4
	河南	48 055.9	1 660.5	3.9	1 659.2	4.10	38 812.6	23 027.4	8 655.9	0.6	47 468.5
	湖北	39 366.6	699.7	1.9	651.0	1.99	32 014.4	36 134.5	27 094.0	1.1	59 108.5
	湖南	36 425.8	794.2	2.7	1 926.8	6.11	29 624.6	33 925.7	23 907.4	1.1	53 532.0
	小计	224 094	5 517.7	2.7	7 023.9	3.68	183 785	232 090.3	165 510.8	1.2	349 295.3
	占全国比/%	24.5	24.7		24.4		24.5	30.3	30.9		27.2
西部	内蒙古	18 128.10	448.9	2.5	719.8	3.97	17 408.3	57 385.1	50 997.5	3.2	68 405.8
	广西	18 317.64	383.9	2.1	617.4	3.37	17 700.2	27 004.6	18 731.8	1.5	36 432.0
	重庆	17 740.59	661.0	3.7	711.3	4.01	17 029.3	8 146.5	3 991.9	0.5	21 021.2
	四川	32 934.54	737.9	2.2	1 209.6	3.67	31 724.9	36 377.7	22 629.4	1.1	54 354.4

地区	省份	GDP/亿元	环境退化成本/亿元	环境退化指数/%	生态环境成本/亿元	生态环境成本指数/%	绿色GDP/亿元	GEP/亿元	生态调节服务/亿元	绿金指数	GEEP/亿元
西部	贵州	11 776.73	422.6	3.6	521.1	4.43	11 255.6	13 866.2	7 239.4	1.2	18 495.0
	云南	14 788.42	292.8	2.0	555.6	3.76	14 232.8	28 573.4	20 702.9	1.9	34 935.7
	西藏	1 151.41	55.3	4.8	589.3	51.18	562.1	61 273.0	60 844.7	53.2	61 406.8
	陕西	19 399.59	659.2	3.4	784.2	4.04	18 615.4	11 481.8	5 532.1	0.6	24 147.6
	甘肃	7 200.37	302.1	4.2	394.9	5.48	6 805.5	11 575.7	8 497.4	1.6	15 302.9
	青海	2 572.49	94.5	3.7	1 856.1	72.15	716.3	45 276.3	44 520.3	17.6	45 236.6
	宁夏	3 168.59	194.5	6.1	203.3	6.42	2 965.3	2 729.1	1 698.9	0.9	4 664.1
	新疆	9 649.70	232.9	2.4	535.3	5.55	9 114.4	35 079.8	28 068.5	3.6	37 182.9
	小计	156 828.2	4 485.7	2.9	8 698.0	5.55	148 130	338 769.2	273 454.9	2.2	421 585.1
	占全国比/%	20.1	21.2		30.3		19.7	44.2	51.1		32.8
	全国	780 069.9	21 292.	2.7	28 738.3	3.68	751 332	766 731.4	534 994.9	0.98	1 286 326.5

注：环境退化成本中的污染事故损失是全国总量数据，缺少分地区数据，所以附表中的环境退化成本未包含污染事故损失。

附录 3 经济生态生产总值（GEEP）核算方法

1 环境退化成本核算方法

环境退化成本主要包括大气污染导致的环境退化成本、水污染导致的环境退化成本、固体废物占地导致的环境退化成本。其中，大气污染导致的环境退化成本主要包括大气污染导致的人体健康损失、种植业产值损失、室外建筑材料腐蚀损失、生活清洁费用增加成本 4 个部分。水污染导致的环境退化成本主要包括污水灌溉导致的农业损失、水污染导致的工业用水额外治理成本、水污染导致的城市居民生活经济损失以及水污染导致的污染型缺水四部分（图 1）。

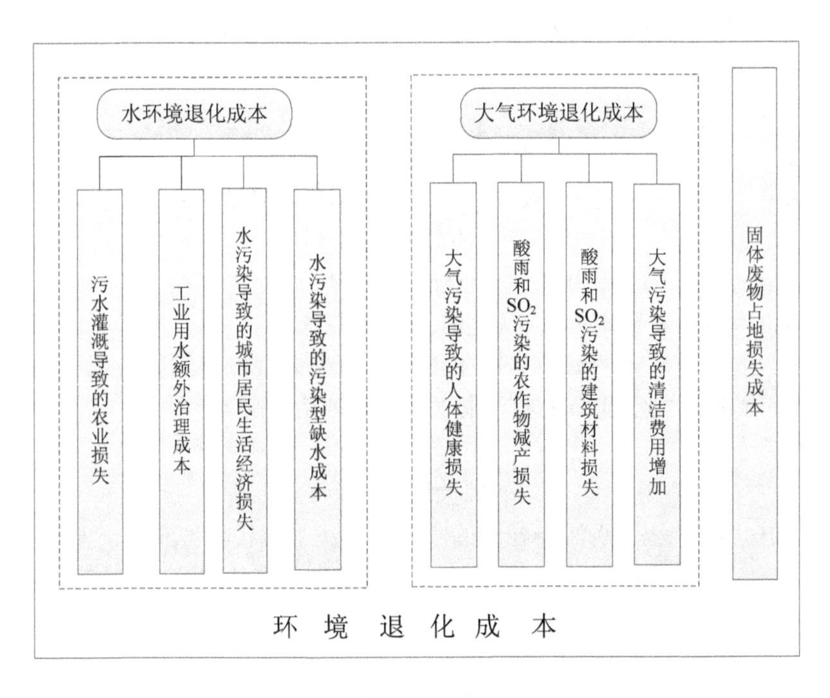

图 1 环境退化成本核算框架

1.1 水环境退化成本核算指标

1.1.1 污水灌溉导致的农业损失

采用劣Ⅴ类农业用水量与农业用水的影子价格对水污染导致的农业经济损失进行估算。

$$\mathrm{EC}_c = Q_{ce} \cdot P_c \tag{1}$$

式中，EC_c —— 水污染造成的农业经济损失，元；

Q_c —— 劣Ⅴ类水质农业用水量，m^3；

P_c —— 农业用水的影子价格，元/m^3。

1.1.2 水污染导致的工业用水额外治理成本

工业用水额外治理成本是指由于供水水质超标，某些对水质要求较严格的特殊行业（如食品加工和制造业、医药制造业、纺织印染业、化工制造业）需要额外安装预处理设施或添加特殊药剂额外增加的治理成本。如果水源水污染严重，自来水厂的常规水处理工艺无法生产出满足水质标准的自来水，也需要增加额外的水处理设施、药剂或净水剂。额外增加处理设施的成本或增加的处理费用即为水污染的直接经济损失。

$$\mathrm{EC}_i = Q_{ie} \cdot P_i \tag{2}$$

式中：EC_i —— 水污染导致的工业用水额外治理成本，元；

Q_{ie} —— 劣Ⅳ类水质工业用水量，m^3；

P_i —— 工业用水平均额外治理成本，元/m^3。

1.1.3 水污染导致的城市居民生活经济损失

水污染导致的城市居民生活经济损失为城市居民因为担心水污染而增加的家庭纯净水和自来水净化装置防护成本。

$$\mathrm{EC}_h = \sum_{i=1}^{3} p_i \times H \times C_i \times a \tag{3}$$

式中：EC_h —— 水污染导致的家庭用洁净水替代防护成本，元；

i —— 桶装水、净化饮水机和自来水过滤装置等 3 种家庭洁净水替代方式；

P_i —— 3 种替代方式的平均成本，元/户；

H —— 城市总户数，户；

C_i —— 城市家庭选用 3 种装置的比例，%；

α —— 因为健康卫生因素选用家庭替代洁净水的比例，%。

1.1.4 水污染导致的污染型缺水成本

当地方水质监测断面水质均在Ⅳ类水质以上（含Ⅳ类水质），认为水环境质量较好，不存在污染型缺水；若水质监测断面存在劣Ⅳ类水质，并存在缺水情况时，则认为存在污染型缺水，具体计算方式如下。

（1）缺水量确定。一个地区的缺水量为需水量与实际供水量之间的差值。

$$Q_{Li} = Q_{Ri} - Q_{Si} \tag{4}$$

式中：Q_{Li} —— i 地区的缺水量，m^3；

Q_{Ri} —— i 地区的需水量，m^3，由水利部门提供；

Q_{Si} —— i 地区的实际供水量，m^3，由水利部门提供，注意这里的供水量不包括超采的地下水供水量。

需水量根据工业、农业、生活用水定额标准进行确定。用水定额根据不同地区用水定额的地方标准进行确定。

（2）污染型缺水量确定。确定缺水量后，根据可供水资源量和缺水量指标，确定污染型缺水量。可供水资源量（Q_S）= 地区可开发水资源量 – 实际供水量。可开发水资源量 = 水资源量 × 水资源可开发比例。

当可供水资源量大于 0 时，也就是说在水资源量充沛情况下，仍存在缺水情况，则污染型缺水量（Q_{L_w}）= 可供水资源量（Q_S）× 超标水量比例，超标水量比例为劣Ⅳ水质占比。

当可供水资源量小于 0 时，即现有水资源量出现不足时，则污染型缺水量（Q_{L_w}）= 缺水量（Q_L）。

（3）污染型缺水损失。评价污染型缺水造成的经济损失，最简单合理的处理方法是计算缺水带来的边际效益损失，即以水资源的影子价格计算经济损失。

$$\mathrm{EC}_p = Q_{L_w} \cdot P_s \tag{5}$$

式中：EC_p —— 污染型缺水造成的经济损失；

Q_{L_w} —— 污染型缺水量；

P_s —— 水资源的影子价格。

1.1.5 水污染导致的人体健康损失

水污染导致的人体健康损失以非自来水取水方式作为水污染评价因子，危害终端包括：一是生物性污染物引起的健康损害：肝炎、痢疾、伤寒和霍乱等四类介水性传染病；二是化学性污染物引起的健康损害：循环系统和消化系统癌症，主要包括胃癌、肝癌、食管癌、结肠癌、膀胱癌等恶性肿瘤疾病总计。本指南主要核算由于饮用水污染造成的介水性污染病和恶性肿瘤带来的经济损失。

（1）饮用水污染带来的介水性传染病发病造成的经济损失。

以接受改水所带来的发病人数减少所产生的效益作为饮用水污染带来的介水性传染病造成的损失（EC_{w1}）。

$$\mathrm{EC}_{w1}=\sum_{i=1}^{31}P_r\times W_r\times B_r \tag{6}$$

式中：P_r —— 各省农村人口，人；

W_r —— 各省农村自来水普及率，%；

B_r —— 人均收益，元/人。

（2）饮用水污染带来的恶性肿瘤死亡造成的经济损失。

$$P_{ed}=(f_p-f_t)\times P_e \tag{7}$$

$$f_p=f_p\times \mathrm{OR} \tag{8}$$

$$P_{ed}=(\frac{\mathrm{OR}-1}{\mathrm{OR}})\times f_p\times P_e \tag{9}$$

$$EC_{w2}=P_{ed}\times \mathrm{HC}_{mr}=P_{ed}\times\sum_{i=1}^{t}\mathrm{GDP}_{pci}^{pv} \tag{10}$$

式中：EC_{w2} —— 饮用水污染带来的恶性肿瘤死亡造成的经济损失，万元；

P_{ed} —— 现状水污染条件下造成的恶性肿瘤过早死亡人数，人；

f_p —— 水污染条件下恶性肿瘤的现状死亡率，1/10 万；

f_t —— 清洁条件下恶性肿瘤的死亡率，1/10 万；

P_e —— 水污染暴露人口，万人；

OR —— 饮用水污染引起的恶性肿瘤相对危险比值比；

t —— 水污染引起的恶性肿瘤早死的平均损失寿命年数，根据分年龄组的恶性肿瘤死亡率，恶性肿瘤早死的平均损失寿命年数为 21 年；

HC_{mr} —— 农村人口的人均人力资本，万元/人；

GDP_{pci}^{pv} —— 第 i 年的农村人均 GDP，万元/人。

1.2 大气污染环境退化成本核算指标

大气污染导致的环境退化成本主要包括大气污染导致的人体健康损失、种植业产值损失、室外建筑材料腐蚀损失、生活清洁费用增加成本 4 个部分。

1.2.1 大气污染导致的人体健康损失

大气污染对人体健康的影响非常复杂，表现为急性效应和慢性效应两类。急性效应指大量污染物排出，使空气中污染物浓度急剧增加，产生急性中毒事件。慢性效应指低浓度的污染长期作用于人体，引起眼、鼻黏膜刺激，咳痰，哮喘，慢性支气管炎，肺气肿，肺癌及因生理机能障碍而加重的心、脑血管等疾病。目前，我国城市空气污染的主要污染物是可吸入颗粒物（PM_{10}）、细颗粒物（$PM_{2.5}$）、SO_2 和 NO_2。因已有关于剂量—反应关系的研究多为对单一污染物与健康终端的一一对应关系的研究，为避免重复，只计算细颗粒物（$PM_{2.5}$）对人体健康造成的损失。暴露人口为城市人口。

$PM_{2.5}$ 对人体健康造成的损失主要有 3 项：①与大气污染 $PM_{2.5}$ 有关的全死因造成的损失（EC_{a1}），采用修正的人力资本法评价，修正的人力资本法是指应用人均 GDP 作为一个统计生命年对 GDP 贡献的价值来估算污染引起的早死的经济损失；②与大气污染（主要为 $PM_{2.5}$）有关的呼吸系统和循环系统疾病病人的住院损失及休工损失（EC_{a2}），利用疾病成本法评价；③大气污染（主要为 $PM_{2.5}$）导致的慢性支气管炎带来的失能损失（EC_{a3}），以人力资本的 40%作为患病失能损失。

（1）大气污染导致的全死因过早死亡率经济损失。

$$EC_{a1} = P_{ed} \times GDP_{pc0} \times \sum_{i=1}^{t} \frac{(1+\alpha)^i}{(1+r)^i} \tag{11}$$

$$P_{ed} = 10^{-5}\left[(RR-1)/RR\right] \times f_p p_e \tag{12}$$

$$RR = \left[(C+1)/16\right]^{0.072\,17} \tag{13}$$

式中：P_{ed} —— 现状大气污染水平下的全死因过早死亡人数，万人；

GDP_{pc0} —— 基准年的人均 GDP，万元/人；

t —— 人均损失寿命年，t=18 年；

a —— 人均 GDP 增长率，%，α=7.3%；

r —— 社会贴现率，%，r =8%；

f_p —— 大气污染水平下全死因死亡率，1/10 万；

p_e —— 城市暴露人口，万人；

RR —— 全死因相对危险归因比；

C —— $PM_{2.5}$ 的浓度，$\mu g/m^3$。

（2）大气污染造成的相关疾病住院和休工经济损失。

$$EC_{a2} = P_{eh}(C_h + WD \times C_{wd}) \tag{14}$$

$$P_{eh}=\sum_{i=1}^{n}f_{pi}\frac{\Delta c_i\beta_i/100}{1+\Delta c_i\beta_i/100} \tag{15}$$

式中：P_{eh} —— 现状大气污染水平下的超住院人次，万人；

C_h —— 疾病住院成本，元/人次；

WD —— 疾病休工天数；

C_{wd} —— 疾病休工成本，元/人次，按人均 GDP 计算；

n —— 大气污染相关疾病；

f_{pi} —— 大气污染水平下的住院人次，万人；

β_i —— 回归系数，即单位污染物浓度变化引起健康危害 i 变化的百分数，%；

Δc_i —— 实际污染物浓度与健康危害污染物浓度阈值之差。

1.2.2 酸雨和 SO_2 污染的农作物减产损失

我国在“六五”到“八五”期间对酸雨的科学研究十分重视，将其列为国家重点科研课题，通过盆栽实验研究了酸雨和 SO_2 对农作物、森林和材料影响的剂量—反应关系。实验结果表明，我国南方硫酸型酸雨引起受试的几种农作物减产 5%的 pH 阈值为 3.6，而酸雨与 0.1 mg/m^3 SO_2 复合污染农作物减产 5%的 pH 阈值为 4.6，pH5.6 与 0.1 mg/m^3 SO_2 复合污染与 SO_2 单独存在的影响是一致的，具体的剂量—反应关系如表 1 所示。

表 1 SO_2 和酸雨单独和复合污染对农作物产量影响的剂量—反应关系

农作物	减产百分数/%		
	SO_2 污染/（mg/m^3）	酸雨污染（pH 值）	SO_2 和酸雨复合污染
水稻	10.96 X_1		2.92+17.93 X_1−0.182 X_2
小麦	26.91 X_1	27.59−4.93 X_2	24.61+30.17 X_1−4.394 9 X_2
大麦	35.83 X_1	24.13−4.31 X_2	24.90+45.08 X_1−4.446 6 X_2
棉花	25.16 X_1	22.67−4.05 X_2	29.06+28.31 X_1−5.188 6 X_2
大豆	28.78 X_1	15.32−2.73 X_2	26.32+31.91 X_1−4.7 X_2
油菜	50.80 X_1	47.39−8.46 X_2	34.57+43.92 X_1−6.172 4 X_2
胡萝卜	53.96 X_1	49.63−8.86 X_2	29.16+41.71 X_1−5.206 4 X_2
番茄	37.40 X_1	22.52−4.02 X_2	16.64+36.52 X_1−2.971 1 X_2
菜豆	68.99 X_1	79.90−14.27 X_2	42.40+75.74 X_1−7.571 2 X_2
蔬菜	53.45 X_1	48.1−9.05 X_2	29.4+51.32 X_1−5.25 X_2

注：① X_1 为 SO_2 浓度，X_2 为酸雨的 pH 值；②当 SO_2 浓度或 pH 值超过阈值时，分别使用上表中左、中列中的关系式；当 SO_2 浓度和 pH 值同时超过其阈值时，使用右列中的关系式；③蔬菜的剂量—反应关系根据胡萝卜、番茄、菜豆 3 种蔬菜的剂量—反应关系推导得出。

$$L=\sum_{i=1}^{i}a_iP_iS_iQ_i \quad (16)$$

式中：L —— 环境污染引起的农作物减产损失的价值，元；

P_i —— 农作物 i 的市场价格，元/kg；

S_i —— i 种农作物的种植面积，m^2；

Q_i —— 对照区 i 种农作物的单位面积产量，kg/m^2；

a_i —— 环境污染引起 i 种农作物减产的百分数，%。

1.2.3 酸雨和 SO_2 污染的建筑材料损失

暴露在户外大气中的各种材料受到自然和大气污染两类因素的影响。大气污染因素如酸雨和 SO_2 等污染进一步加剧了材料的损坏。根据国家 SO_2 标准和酸雨对材料破坏作用的研究，SO_2 和酸雨的材料损害阈值分别取 pH=5.6，SO_2=0.015 mg/m^3。

$$C_{pi}=(1/L_{pi}-1/L_{0i})\times C_{0i} \quad (17)$$

式中：C_{pi} —— 酸雨和 SO_2 污染的材料损失；

L_{pi} —— 污染条件下 i 种材料的寿命；

L_{0i} —— 不污染条件下 i 种材料的寿命；

C_{0i} —— i 种材料一次维修或更换的费用。

1.2.4 大气污染导致的清洁费用增加

$$P=S\times C_s+B\times C_b+T\times C_t+H\times C_h \quad (18)$$

式中：P —— 污染条件下的清洁费用；

S —— 污染条件下新增的需清洁的街道面积；

B —— 污染条件下新增的需清洁的公交车量；

T —— 污染条件下新增的需清洁的出租车量；

H —— 污染条件下新增的需清洁的建筑面积。

1.3 固体废物占地损失成本

土地用于种植农作物、植树造林等每年将获得一定的收益，而堆放固体废物则失去了这项使用价值。这部分的经济损失采用“机会成本法”进行核算。即将种植农作物获得的效益作为固体废物占用土地造成的经济损失。

$$L=\frac{1}{1-\alpha}\times\sum_{i=1}^{n}E_i\times S_i \quad (19)$$

式中，L —— 固体废物占地造成的经济损失，万元；

E_i —— 第 i 种土地类型每年生产作物的经济价值系数，万元/hm^2；

S_i —— 当年固体废物贮存、排放占用第 i 种土地类型的面积，hm^2；

α —— 社会贴现率，%。

2 生态破坏成本核算方法

生态破坏损失核算是指对因人类不合理利用导致的生态系统生态服务功能损失的核算。该指标是在生态系统调节服务核算的基础上，依据不同生态系统服务功能价值量与不同生态系统人为破坏率的乘积，进行不同生态系统生态破坏价值量核算。生态调节服务具体指标主要包括气候调节、水流动调节、固碳释氧、水环境净化、大气环境净化、土壤保持、物种保育等指标。

$$\mathrm{EDC} = \mathrm{ERS}_f \times \mathrm{HR}_f + \mathrm{ERS}_g \times \mathrm{HR}_g + \mathrm{ERS}_w \times \mathrm{HR}_w \tag{20}$$

$$\mathrm{HR}_f = \frac{\mathrm{FO}}{\mathrm{FR}} = \frac{\mathrm{FC} - \mathrm{FCQ}}{\mathrm{FR}} \tag{21}$$

$$\mathrm{HR}_w = \frac{\mathrm{AT}}{\mathrm{AW}} \tag{22}$$

$$\mathrm{HR}_g = \frac{1.0}{1.0 + 29.875 \times 0.143^x} \tag{23}$$

式中：EDC —— 生态破坏损失；

ERS_f、ERS_g、ERS_w —— 分别为森林、草地和湿地生态系统提供的生态调节服务；

HR_f —— 森林人为破坏率，%；

FO —— 森林超采量，m^3；

FR —— 森林采伐量，m^3；

FCQ —— 森林采伐限额，m^3；

FR —— 森林蓄积量，m^3；

HR_w —— 湿地人为破坏率，%；

AT —— 湿地重度威胁面积，hm^2；

AW —— 湿地总面积，hm^2；

HR_g —— 草地人为破坏率，%；

x —— 草地牲畜超载率，%。

3 GEP 核算方法

3.1 供给服务实物量与价值量核算方法

3.1.1 核算思路与方法概述

生态产品的供给服务是指由生态系统产生的具有食用、医用、药用和其他价值的物质和能源所提供的服务。生态产品供给服务价值通过将生态产品提供供给服务的实物量与单位实物量的价格相乘得到。

根据国际经验（联合国 SEEA 生态实验账户，EEA 2012），生态产品供给服务实物量核算范围主要包括：水资源、农业资源、林业资源、畜牧业资源、渔业资源、种子资源、能源以及其他资源等。

根据联合国发布的 EEA 核算指南，水资源核算中不包括地下水资源，因为地下水资源的采掘与供给与地理水循环相关，与生态系统功能不直接相关。秸秆主要是用于制造沼气而进行能源供给，因此，在计算生态系统的能源供给服务价值时仅包括水能和沼气能两种。根据 EEA 核算原则，航运资源（无论是客运还是货运）均不纳入生态产品供给服务价值核算范围。表 2 为全国生态产品供给服务价值核算考虑的一般指标。

表 2 产品供给指标

类别	内容	指标
农产品	谷物	稻谷、小麦、玉米、谷子、高粱、大麦、糜子、莜麦、荞麦、粟谷、青稞、杂粮
	豆类	大豆、绿豆、红小豆
	薯类	马铃薯、甘薯、木薯
	油料	花生、油菜籽、芝麻、胡芝麻、向日葵籽
	棉花	棉花
	麻类	黄红麻、亚麻、苎麻、大麻
	糖类	甘蔗、甜菜
	烟叶	烤烟
	菌类	食用菌
	药材	中药材
	蔬菜	含菜用瓜
	茶叶	红茶、绿茶、青茶、黑茶、黄茶、白茶、其他茶
	瓜果类	西瓜、甜瓜、草莓

类别	内容	指标
农产品	水果	香蕉、苹果、柑、橘、橙、柚、梨、菠萝、葡萄、龙眼、猕猴桃、荔枝、椰子、桃子、红枣、柿子、杏子、山楂、石榴、樱桃、枇杷、橄榄、李子、杨梅、杧果
	特色作物	咖啡、胡麻、葵花、苜蓿、莲子、番茄、辣椒、打瓜籽、啤酒花、香料作物、园参、腰果、剑麻
林产品	木材及林副产品	木材、竹材、生漆、橡胶、松脂、油桐籽、油茶籽、核桃、板栗、紫胶、竹笋、花椒、八角、乌桕籽、棕片、山苍籽、五倍子、蘑菇、香菇、白木耳、松茸、黑木耳
畜产品	肉类	猪肉、牛肉、羊肉、禽肉、兔肉、骆驼
	奶类	牛奶、羊奶
	禽蛋	鸡蛋、鸭蛋、鹅蛋等
	动物皮毛	细绵羊毛、半细绵羊毛、羊绒、山羊毛、驼绒、牛皮、山羊皮、绵羊皮
	其他	蜂蜜、蚕茧、捕猎
水产品	海水产品	鱼类、虾蟹类、贝类、藻类、其他
	淡水产品	鱼类、虾蟹类、贝类、其他
水资源	用水量	农村用水、生活用水、工业用水、生态用水
能源	水能	发电量
	薪柴	薪柴量
	秸秆	固化产量
	沼气	沼气量
种子资源	农作物	水稻、玉米、小麦等
	林木种子	采集量
	花卉种子	种子用花卉、种苗用花卉、种球用花卉
	水产品种子	淡水鱼苗、河蟹育苗量、稚蟹、稚龟、海水鱼苗、虾类育苗量、贝类育苗量、海带育苗量、紫菜育苗量、海参育苗量
其他	无法分类的畜产品	宠物、赛马、工作用马、工作用驴、骆驼等其他工作用畜产品

3.1.2 实物量核算方法

根据生态产品类型，细化出一级、二级和三级指标，并明确指标数据来源。根据数据可得性，共筛选可核算三级指标 64 个，见表 3。其中食用菌、茶叶和竹笋等作物实物量按照湿重核算。能源供给量单位为千瓦时，其他类型产品供给服务的实物量单位统一为万吨。

表 3 产品供给指标来源

一级指标	二级指标	三级指标	数据来源
农产品供给价值	谷物	稻谷	农业、林业、畜牧业、渔业产品数据，水资源来自《中国统计年鉴》《中国农业统计资料》《中国畜牧业统计年鉴》《中国林业统计年鉴》《全国农产品成本收益汇编》等相关统计资料，能源数据来源于《中国能源统计年鉴》，全国统计年鉴中没有统计资料的数据来自省市地方统计年鉴数据
		大小麦	
	杂粮	玉米	
		高粱	
		谷子	
		其他	
	薯类	甘薯	
		马铃薯	
	豆类	大豆	
		绿豆	
		小红豆	
	油料	花生	
		芝麻	
		葵花籽	
	棉花	棉花	
	生麻	生麻	
	甘蔗	甘蔗	
	烟叶	烟叶	
	蔬菜	蔬菜	
	中草药材	中草药材	
	野生植物	野生药材等	
	茶叶	红茶	
		绿茶	
		青茶	
		其他茶叶	
	食用菌	食用菌	
	水果	苹果	
		柑橘	
		梨	
		枇杷	
		杨梅	
		桃子	
		柿子	
		葡萄	
	特色作物	木薯	
		莲籽	
		蕉芋	

一级指标	二级指标	三级指标	数据来源
畜产品供给价值	肉类	猪肉	
		牛肉	
		羊肉	
		禽肉	
		兔肉	
	禽蛋	禽蛋	
	捕猎	野兽、野禽	
	其他	蜂蜡	
		蜂蜜	
木材及林副产品供给价值	林产品	油桐籽	
		山苍子	
		油茶籽	
		棕片	
		松脂	
		竹笋	
		茅草	
水产品供给价值	淡水产品	鱼类	
		虾蟹类	
		贝类	
		其他	
水资源供给价值	用水量	农村用水量	
		生活用水量	
		工业用水量	
		生态用水量	
种子资源供给价值	农产品种子	水稻种子	
能源供给价值	沼气	沼气利用量	
	水利	水利发电量	

注：其中统计年鉴中干茶重量折算成鲜茶重量，食用菌干重折算成鲜重，竹笋折算成鲜笋，淡水珍珠按千克统计。

3.1.3 价值量核算方法

获取生态产品供给服务实物量后，对其进行价值量核算。本书根据数据的可得性，采用两种价值量核算方法：一种是市场价格法，另一种是产值法。市场价格法全部使用三级指标的统计实物量乘以平均市场价格。产值法除水资源和能源供给价值以外，其他 4 类二级指标（农产品、畜产品、林产品和水产品）使用统计年鉴上的产值统计数据。无法根据统计产值获得供给价值的指标，如水资源价值，可根据实物量（用水量）和市场价格（水资源价格）进行计算。各核算指标价值量计算方法见表 4。

表 4 产品供给价值量核算

一级指标	二级指标	三级指标	价值量计算方法
农产品供给价值	谷物	稻谷	产值法
		大小麦	产值法
	杂粮	玉米	产值法
		高粱	产值法
		谷子	产值法
		其他	产值法
	薯类	甘薯	产值法
		马铃薯	产值法
	豆类	大豆	产值法
		绿豆	产值法
		小红豆	产值法
	油料	花生	产值法
		芝麻	产值法
		葵花籽	产值法
	棉花	棉花	产值法
	生麻	生麻	产值法
	甘蔗	甘蔗	产值法
	烟叶	烟叶	产值法
	蔬菜	蔬菜	产值法
	中草药材	中草药材	市场价格法
	野生植物	野生药材等	产值法
	茶叶	红茶	产值法
		绿茶	产值法
		青茶	产值法
		其他茶叶	产值法
	食用菌	食用菌	市场价格法
	水果	苹果	产值法
		柑橘	产值法
		梨	产值法
		枇杷	产值法
		杨梅	产值法
		桃子	产值法
		柿子	产值法
		葡萄	产值法

一级指标	二级指标	三级指标	价值量计算方法
农产品供给价值	特色作物	木薯	产值法
		莲籽	产值法
		蕉芋	产值法
畜产品供给价值	肉类	猪肉	产值法
		牛肉	产值法
		羊肉	产值法
		禽肉	产值法
		兔肉	产值法
	禽蛋	禽蛋	市场价格法
	捕猎	野兽、野禽	市场价格法
	其他	蜂蜡	产值法
		蜂蜜	产值法
木材及林副产品供给价值	林产品	油桐籽	产值法
		山苍子	产值法
		油茶籽	产值法
		棕片	产值法
		松脂	产值法
		竹笋	产值法
		茅草	产值法
水产品供给价值	淡水产品	鱼类	产值法
		虾蟹类	产值法
		贝类	产值法
		其他	产值法
水资源供给价值	用水量	农村用水量	市场价格法
		生活用水量	市场价格法
		工业用水量	市场价格法
		生态用水量	市场价格法
能源供给价值	沼气	沼气利用量	市场价格法
	水利	水利发电量	市场价格法

3.2 气候调节服务实物量与价值量核算方法

3.2.1 固碳调节服务

3.2.1.1 核算思路与方法概述

本书主要计算了森林、湿地、草地 3 种生态系统因生物量（包括地上生物量和地下生物量）增加带来的固碳量。没有考虑土壤碳库、枯落物碳库和枯死木碳库变化，没有考虑土地利用转化，没有计算泥炭地、水淹地等湿地固碳量。农田分为一年生农田和多年生农田（果园等），其中多年生农田可以在单一年份内通过 NPP 计算其固碳释氧量。但一年生农田由于在一年时间内完成播种、成长、收割等一系列全过程，最后所有物质基本都会通过回田或焚烧形式，使 CO_2 重新释放到大气中，因此一年生农田在单一年份中可以认为其固碳释氧量为零。由于遥感数据不能区分一年生农田和多年生农田，在此对所有农田部分都不做考虑，也没有计算多年生农田的固碳部分。

3.2.1.2 实物量核算方法

森林、草地和湿地固碳：

净生态系统生产力（NEP）是定量化分析生态系统碳源/汇的重要科学指标，生态系统固碳量可以用 NEP 衡量。NEP 广泛应用于碳循环研究中，NEP 可由净初级生产力（NPP）减去异氧呼吸消耗得到，或根据 NPP 与 NEP 的相关转换系数换算得到，然后测算出陆地生态系统固定二氧化碳的质量：

$$Q_{tCO_2} = M_{CO_2} / M_C \times \mathrm{NEP} \tag{24}$$

式中：Q_{tCO_2} —— 陆地生态系统固碳量，t/a；

M_{CO_2} / M_C —— 44/12；

NEP —— 净生态系统生产力，t/a。

其中，净生态系统生产力（NEP）有两种算法：

（1）由净初级生产力（NPP）减去异氧呼吸消耗得到。

$$\mathrm{NEP} = \mathrm{NPP} - \mathrm{RS} \tag{25}$$

式中：NEP —— 净生态系统生产力，t/a；

NPP —— 净初级生产力，t/a；

RS —— 土壤呼吸消耗碳量，t/a。

（2）按照各省份 NEP 和 NPP 的转换系数，根据 NPP 计算得到 NEP。

$$\mathrm{NEP} = \alpha \times \mathrm{NPP} \times M_{C_6} / M_{C_6H_{10}O_5} \tag{26}$$

式中：NEP —— 净生态系统生产力，t/a；

α —— NEP 和 NPP 的转换系数；

NPP —— 净初级生产力，t/a；

$M_{C_6} / M_{C_6H_{10}O_5}$ =72/162 为干物质转化为 C 的系数。

土壤固碳：

$$Q_{SCO_2} = \sum_{i}^{n} A_i \times S_i \tag{27}$$

式中，Q_{SCO_2} —— 土壤固碳量，t/a；

A_i —— 不同生态系统的土壤面积，hm^2；

S_i —— 不同生态系统实测土壤固碳量，t/（$hm^2 \cdot a$）。

3.2.1.3　价值量核算方法

生态系统固碳价值可以采用替代成本法（造林成本法、工业减排成本）与市场价值法（碳交易价格）核算。固碳的价值量采用实物量与价格相乘的方式计算：

$$V_{T_C} = T_C \times P_{CO_2} \tag{28}$$

式中，V_{T_C} —— 生态系统固碳价值量，元/a；

P_{CO_2} —— 碳交易市场价格，元/t。

3.2.2　释氧调节服务

3.2.2.1　核算思路与方法概述

生态系统中植物吸收 CO_2 的同时释放 O_2，不仅对全球的碳循环有着显著影响，也起到调节大气组分的作用。生态系统释氧功能主要通过光合作用实现，大部分情况下与固碳功能同步进行。

目前所有文献中有关释氧的计算机理都是依据植物的光合作用基本原理，植物每固定 1 gCO_2，就会释放 0.73 gO_2。本书直接考虑固碳和释氧的比例，在固碳量的计算基础上计算释氧量。

3.2.2.2　实物量核算方法

根据植物的光合作用基本原理，植物每固定 1 gCO_2，就会释放 0.73 gO_2。以此为基础，从生态系统的净初级生产力物质量可以测算出生态系统释放 O_2 的物质量。NEP 可由净初级生产力（NPP）减去异氧呼吸消耗得到，或根据 NPP 与 NEP 的相关转换系数获得，然后测算出生态系统释放氧气的质量：

$$Q_{op} = M_{O_2} / M_{CO_2} \times Q_{CO_2} \tag{29}$$

式中，Q_{op} —— 生态系统释氧量，tO_2/a；

M_{O_2} / M_{CO_2} =32/44 为 CO_2 转化为 O_2 的系数；

Q_{CO_2} —— 生态系统固碳量，tC/a。

3.2.2.3 价值量核算方法

采用全国植被净初级生产力（NPP）与造氧价格来评价生态系统氧气供给价值。

$$V_o = P_o \times \text{OP} \quad (30)$$

式中，V_o —— 植被产氧的价值，元/a；

OP —— 制氧成本，元/t。

实物量核算过程中采用的参数都和固碳实物量核算过程中采用的参数相同。O_2价格在《森林生态系统服务功能评估规范》（LY/T 1721—2008）推荐价格的基础上折现到核算年的现值。

3.2.3 微气候调节服务

3.2.3.1 核算思路与方法概述

生态系统气候调节功能是生态系统通过蒸腾作用与光合作用，在水面蒸发过程使大气温度降低、湿度增加的生态效应。生态系统利用植物的树冠遮挡阳光，减少阳光对地面的辐射热量，有降温效能；并通过光合作用吸收大量的太阳光能，减少光能向热能的转变，减缓了气温的升高。同时，生态系统通过蒸腾作用，将植物体内的水分以气体形式通过气孔扩散到空气中，使太阳光的热能转化为水分子的动能，消耗热量，降低空气温度，增加空气的湿度。

3.2.3.2 实物量核算方法

采用森林生态系统蒸腾、蒸发消耗的总能量作为气候调节的实物量。

$$E_{pt} = \text{EPP}_i \times S_i \times D \times 10^6 / 3\,600 \quad (31)$$

式中：E_{pt} —— 生态系统植被蒸腾消耗的能量，kW·h/a；

EPP_i —— i类生态系统单位面积蒸腾消耗热量，kJ/（m^2·d）；

S_i —— i类生态系统面积，km^2；

D —— 日最高气温大于26℃的天数。

3.2.3.3 价值量核算方法

森林生态系统气候调节价值包括生态系统蒸发吸收热量降低温度和调节空气湿度带给人类的利益。常用的方法为替代成本法，即采用空调等效降温和加湿器等效增湿需要耗电的价格来计算。

$$V_{pt} = (E_{pt} / r) \times P_R \quad (32)$$

式中：V_{pt} —— 调节温度的价值，元/a；

r —— 空调能效比；

P_R —— 电价，元/kW·h，以电能作为太阳能的替代产品。

3.3 环境质量调节服务实物量与价值量核算方法

环境质量调节服务功能包括大气环境净化、水质净化 2 个部分，核算技术路线见图 2。

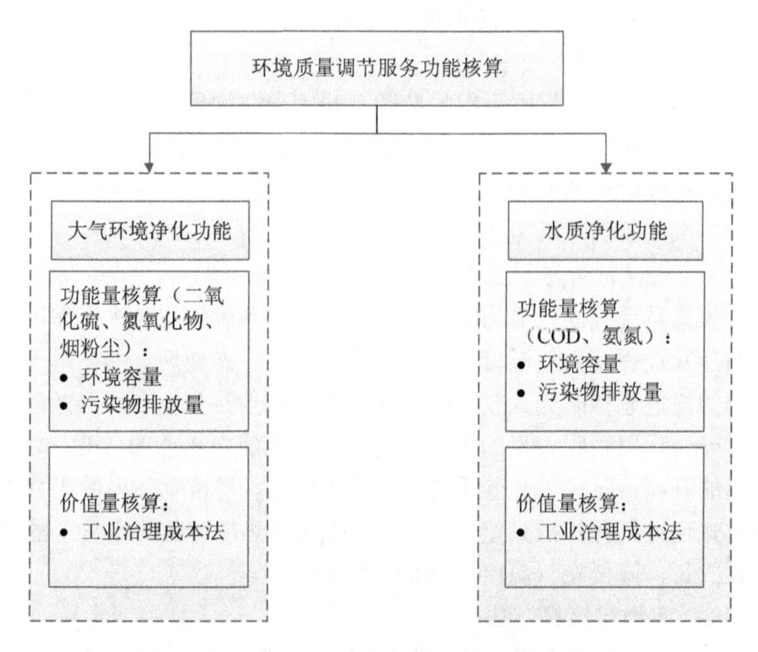

图 2　纳污调节服务核算方法技术路线

3.3.1 大气环境净化

3.3.1.1 核算思路与方法概述

大气环境净化功能是指绿色植物在其抗生范围内通过叶片上的气孔和枝条上的皮孔吸收空气中的有害物质，在体内通过氧化还原过程转化为无毒物质；同时能依靠其表面特殊的生理结构（如绒毛、油脂和其他黏性物质），对空气粉尘具有良好的阻滞、过滤和吸附作用，从而能有效净化空气，改善大气环境。空气净化功能主要体现在净化污染物和阻滞粉尘方面。

3.3.1.2 实物量核算方法

大气环境净化功能核算依据污染物浓度是否超过环境空气功能区质量标准而选择不同的方法。若污染物浓度未超过环境空气功能区质量标准，则采用方法 1 核算污染物净化量；若污染物浓度超过环境空气功能区质量标准，则采用方法 2 核算污染物净化量。环境空气功能区质量标准见附录 4。

大气环境净化服务—方法 1：如果污染物排放量未超过环境空气功能区质量标准，则采用污染物排放量核算实物量。

$$Q_{ap}=\sum_{i=1}^{n}Q_i \tag{33}$$

式中：Q_{ap}—— 大气污染物排放总量，kg/a；

Q_i—— 第 i 类大气污染物排放量，kg/a；

i—— 污染物类别，$i=1$，2，…，n，量纲一；

n—— 大气污染物类别的数量，量纲一。

大气环境净化服务—方法 2：如果污染物排放量超过环境空气功能区质量标准，则采用生态系统自净能力核算实物量。

$$Q_{ap}=\sum_{i=1}^{m}\sum_{j=1}^{n}Q_{ij}\times A_i \tag{34}$$

式中：Q_{ap}—— 生态系统空气净化能力，kg/a；

Q_{ij}—— 第 i 类生态系统第 j 种大气污染物的单位面积净化量，$kg/(km^2\cdot a)$；

i—— 生态系统类型，$i=1$，2，…，m，量纲一；

j—— 大气污染物类别，$j=1$，2，…，n，量纲一；

A_i—— 第 i 类生态系统类型面积，km^2；

m—— 生态系统类型的数量，量纲一；

n—— 大气污染物类别的数量，量纲一。

3.3.1.3 价值量核算方法

大气净化价值量计算采用替代成本法，通过工业治理大气污染物成本评估生态系统空气净化价值。二氧化硫、氮氧化物、烟粉尘净化价值计算方法：运用二氧化硫、氮氧化物、烟粉尘 3 种污染物大气净化实物量，分别乘以单位二氧化硫、氮氧化物、烟粉尘处理的费用，核算大气净化价值。

$$V_a=\sum_{i=1}^{3}c_i\times Q_i \tag{35}$$

式中，V_a—— 生态系统大气环境净化的价值，万元；

c_i—— 治理大气污染物的成本，元/t；

Q_i—— 年污染物大气净化实物量（二氧化硫、氮氧化物、烟粉尘），万 t。

3.3.2 水质净化

3.3.2.1 核算思路与方法概述

水质净化功能是指水环境通过一系列物理和生化过程对进入其中的污染物进行吸附、转化以及生物吸收等，使水体生态功能部分或完全恢复至初始状态的能力。

3.3.2.2 实物量核算方法

水质净化功能核算依据污染物浓度是否超过地表水水域环境功能和保护目标而选择不同的方法。若污染物浓度未超过地表水水域环境功能标准限值，则采用方法 1 进行核算；若污染物排放浓度超过地表水水域环境功能标准限值，则采用方法 2 进行核算。地表水水域环境功能标准限值见附录 5。

水质净化功能—方法 1：如果污染物排放量未超过地表水水域环境功能标准限值，则采用污染物排放量核算实物量。

$$Q_{wp} = \sum_{i=1}^{n} P_i \tag{36}$$

式中：Q_{wp} —— 水体污染物净化量，kg/a；

P_i —— i 类污染物排放量，kg/a，包括总氮、总磷、COD 等；

i —— 污染物类别，$i=1$，2，…，n，量纲一；

n —— 水体污染物类别的数量，量纲一。

水环境净化功能—方法 2：如果污染物排放量超过地表水水域环境功能标准限值，根据生态系统的自净能力核算实物量。

$$Q_{wp} = \sum_{i=1}^{m}\sum_{j=1}^{n} P_{ij} \times A_i \tag{37}$$

式中：Q_{wp} —— 污染物净化总量，kg；

P_{ij} —— 某种生态系统单位面积污染物净化量，kg/km^2；

A_i —— 生态系统面积，km^2；

$i=1$，2，…，m，量纲一；

m —— 生态系统类型的数量，量纲一；

j —— 污染物类别，$j=1$，2，…，n，量纲一；

n —— 水体污染物类别的数量，量纲一。

3.3.2.3 价值量核算方法

水质净化价值量计算采用替代成本法，通过工业治理水污染物成本评估生态系统水质净化价值。化学需氧量、氨氮净化价值计算方法：运用化学需氧量、氨氮两种污染物水质净化实物量，分别乘以单位化学需氧量、氨氮处理的费用，核算水质净化价值。

$$V_w = \sum_{i=1}^{2} c_i \times Q_i \tag{38}$$

式中：V_w —— 生态系统水质净化的价值，万元；

c_i —— 治理水体污染物的成本，元/t；

Q_i —— 污染物水质净化实物量（COD、氨氮），万 t。

3.4 水文调节服务实物量与价值量核算方法

3.4.1 水源涵养

3.4.1.1 核算思路与方法概述

水源涵养服务是森林生态系统拦截滞蓄降水，增强土壤下渗、蓄积，涵养土壤水分、调节暴雨径流和补充地下水，增加可利用水资源的功能。水源涵养量大的地区不仅可以满足核算区内生产生活的水源需求，还可以持续地向区域外提供水资源。核算中选用水源涵养量，作为生态系统水源涵养实物量的评价指标。

3.4.1.2 实物量核算方法

水源涵养的实物量通过水量平衡方程计算。水量平衡方程是指在一定的时空内，水分在生态系统中保持质量守恒，即生态系统水源涵养量是降水输入与暴雨径流和生态系统自身水分消耗量的差值。

$$Q_{wr} = \sum_{i=1}^{n} A_i \times (P_i - R_i - \mathrm{ET}_i) \times 10^{-3} \tag{39}$$

式中，Q_{wr} —— 水源涵养量，m^3/a；

P_i —— 产流降雨量，mm/a；

R_i —— 地表径流量，mm/a；

ET_i —— 蒸散发量，mm/a；

A_i —— i 类生态系统的面积，m^2；

i —— 生态系统类型；

n —— 生态系统类型总数。

3.4.1.3 价值量核算方法

水源涵养价值主要表现在蓄水保水的经济价值。可运用影子工程法，即模拟建设蓄水量与生态系统水源涵养量相当的水利设施，以建设该水利设施所需要的成本核算水源涵养价值。

$$V_{wr} = Q_{wr} \times C_{we} \tag{40}$$

式中：V_{wr} —— 水源涵养价值，元/a；
Q_{wr} —— 核算区内总的水源涵养量，m^3/a；
C_{we} —— 水库单位库容的工程造价，元/m^3。水库单位库容的工程造价及维护成本等数据来自发改委、水利等部门发布的工程预算依据，或公开发表的参考文献。在此基础上根据价格指数折算得到核算年份的价格。

3.4.2 洪水调蓄

3.4.2.1 核算思路与方法概述

洪水调蓄功能是指生态系统所特有的生态结构能够吸纳大量的降水和过境水，蓄积洪峰水量，削减并滞后洪峰，以缓解汛期洪峰造成的威胁和损失的功能。本项目以水库为核算对象，防洪库容是指水库防洪限制水位至防洪高水位间的水库容积，是水库用于蓄滞洪水、发挥其防洪效益的部分。作为水库重要特征值，在实际中防洪库容数据往往难以获取，而总库容数据的收集则相对容易。

3.4.2.2 实物量核算方法

本书以防洪库容表征水库的洪水调蓄能力，根据全国水库洪水调蓄功能评价模型，利用基于已有防洪库容与总库容之间的数量关系建立的经验方程，通过水库总库容推测其防洪库容，从而计算得出各级水库的洪水调蓄能力。

$$C_f = 0.35 \times C_t (N = 460，R^2 = 0.81) \tag{41}$$

式中，C_f —— 水库防洪库容，m^3/a；
C_t —— 水库总库容，m^3。

3.4.2.3 价值量核算方法

运用替代成本法（即水库的建设成本）核算洪水调蓄价值。

$$V_f = C_f \times Q_f \tag{42}$$

式中：V_f —— 生态系统洪水调蓄价值，元/a；
C_f —— 生态系统洪水调蓄量，m^3/a；
Q_f —— 水库单位库容的工程造价成本，元/m^3。

3.5 土壤保持服务实物量与价值量核算方法

3.5.1 核算思路与方法描述

土壤保持功能是生态系统（如森林、草地等）通过林冠层、枯落物、根系等各个层次保护土壤、削减降雨侵蚀力，增加土壤抗蚀性，减少土壤流失，保持土壤的功能。

选用土壤保持量，即生态系统减少的土壤侵蚀量（用潜在土壤侵蚀量与实际土壤侵蚀量的差值测度）作为生态系统土壤保持功能的评价指标。其中，实际土壤侵蚀量是指当前地表植被覆盖情形下的土壤侵蚀量，潜在土壤侵蚀量是指没有地表植被覆盖情形下可能发生的土壤侵蚀量。

3.5.2 实物量核算方法

通用土壤流失方程（USLE）是世界范围内应用最广泛的土壤侵蚀预报模型，本书选取 USLE 模型进行武夷山市土壤保持功能评估。

土壤侵蚀量：

$$A = R \times K \times \mathrm{LS} \times C \times P \quad (43)$$

土壤保持量：

$$\mathrm{SC} = R \times K \times \mathrm{LS} \times (1 - C \times P) \quad (44)$$

式中：A —— 年土壤侵蚀量，t/（$\mathrm{hm}^2 \cdot \mathrm{a}$）；

SC —— 年土壤保持量，t/（$\mathrm{hm}^2 \cdot \mathrm{a}$）；

R —— 降雨侵蚀力因子，MJ·mm/（$\mathrm{hm}^2 \cdot \mathrm{h} \cdot \mathrm{a}$）；

LS —— 坡长坡度因子，量纲一；

C —— 植被覆盖因子，量纲一；

P —— 水土保持措施因子，量纲一。

（1）降雨侵蚀力因子 R 的估算。

$$R = \sum_{i=1}^{12} (-1.5527 + 0.1792 P_i) \quad (45)$$

式中，R —— 降雨侵蚀力因子，MJ·mm/（$\mathrm{hm}^2 \cdot \mathrm{h} \cdot \mathrm{a}$）；

P_i —— 月降雨量，mm。

（2）土壤可侵蚀因子 K 值的估算。

$$K = 10^{-3}(160.80 - 2.31x_1 + 0.38x_2 + 2.26x_3 + 1.31x_4 + 14.67x_5) \quad (46)$$

式中，x_1、x_2、x_3、x_4、x_5 分别表示细砾、细砂、粗粉粒、细粉粒、

有机质的百分含量。在此公式中，要求土壤颗粒分析标准为美国制，而我国土壤普查一般采用国际制，因此需进行质地转换。转换方程为 $y=ax^b$ 和 $y=ax^2+bx+c$。方程中，$x=\ln p$，p 为粒径大小，mm；y 是小于 p 粒径的累计颗粒含量百分数，%。

（3）地形因子 LS 值的估算。通过数字高程模型（DEM），计算获得坡长和坡度，然后获得 LS 的空间分布特征：

$$\mathrm{LS}=0.08L^{0.35}a^{0.6} \tag{47}$$

式中：L —— 坡长，m；

a —— 百分比坡度。

（4）地表覆盖因子 C 值的估算。地表覆盖因子是根据地面植被覆盖状况不同来反映植被对土壤侵蚀影响的因素，与土地利用类型、植被覆盖度密切相关。C 值的估算采用如下公式：

$$C=\begin{cases}1 & (f_c=0.1)\\ 0.6508-0.3436\lg f_c & (0.1<f_c\leqslant 78.3\%)\\ 0 & (f_c>78.3\%)\end{cases} \tag{48}$$

$$f_c=\frac{(\mathrm{NDVI}-\mathrm{NDVI}_{\mathrm{soil}})}{(\mathrm{NDVI}_{\max}-\mathrm{NDVI}_{\mathrm{soil}})} \tag{49}$$

式中，f_c —— 植被覆盖度；

$\mathrm{NDVI}_{\mathrm{soil}}$ —— 纯裸土像元的 NDVI 值；

$\mathrm{NDVI}_{\max}$ —— 纯植被像元的 NDVI 值。

（5）土壤保持措施因子 P 值的估算。P 为实施土壤保持措施后土壤流失量与顺坡种植土壤流失量的比值。本书中耕地的 P 值为 0.15，其他土地利用类型取值为 1.00，在 GIS 软件下生成 P 因子栅格图。

3.5.3 价值量核算方法

生态系统土壤保持价值核算运用替代工程法，计算减轻泥沙淤积灾害的经济价值。按照我国主要流域的泥沙运动规律，全国土壤侵蚀流失的泥沙 24%淤积于水库、河流、湖泊中，需要清淤作业消除影响。

$$V_{1n}=(24\%\times \mathrm{SC}\times C/\rho)/10\,000 \tag{50}$$

式中，V_{1n} —— 土壤保持的经济效益，万元；

A_c —— 土壤保持量，t；

C —— 清淤费用，元/m³；

ρ—— 土壤容重，t/m^3。

3.6 文化服务实物量与价值量核算方法

3.6.1 核算思路与方法概述

旅游景区是森林、草地、水体、裸岩、河滩等综合性区域性地域环境，其旅游文化服务价值主要体现在人们利用平时空闲的时间，自由地在以美丽的自然景观和优美的森林生态环境为主要游憩资源的环境中，以获得愉快及欢悦感受为目的的一切游戏活动的总和。

文化服务资源的使用价值和基础性，主要体现在对游客的吸引力。随着社会的进步、经济的发展、科学技术的进步、人们的认知不断加深，人们旅游需要的多样化、个性化旅游资源的范畴也在不断扩大，包括物质性、非物质性的旅游资源，也包括有形、无形的旅游资源。文化服务价值的评价要从客观实际出发，将文化服务资源所处地域的区位、环境、客源、经济发展水平、交通状况、旅游开发情况和邻近区域旅游状况等均纳入评价范畴，进行系统评价。充分运用合理恰当的知识、理论和科学的评价方法、模型，指导文化服务资源的价值评价工作。

文化服务资源货币化价值评价的方法主要分为 3 种类型：一是直接市场评价法，包括机会成本法、人力资本法、重置成本法、损害函数法、生产函数法、计量-反应法、生产率变动法等；二是揭示偏好法，包括旅行费用法（Travel Cost Method，TCM）、内涵资产定价法、防护支出法等；三是陈述偏好法，如条件价值法（Contingent Valuation Method，CVM）等，包括区域旅行费用法（Zonal Travel Method，ZTCM）和个人旅行费用法（Individual Travel Cost Method，ITCM）。在本次核算过程中延续 2015 年武夷山市文化服务功能核算方法，采用 ZTCM 方法进行核算。

3.6.2 实物量核算方法

采用区域内自然景观的年旅游总人次作为文化服务的实物量评价指标。

$$N_t = \sum_{i=1}^{n} N_{ti} \tag{51}$$

式中，N_t —— 游客总人数；

N_{ti} —— 第 i 个旅游区的人数；

n —— 旅游区个数，i=1，2，…，n。

3.6.3 价值量核算方法

运用旅行费用法核算人们通过休闲旅游活动体验的生态系统与自然景观美学价值，并获得知识和精神愉悦的非物质价值。

$$V_r = \sum_{j=1}^{J} N_j \times TC_j \tag{52}$$

$$TC_j = T_j \times W_j + C_j \tag{53}$$

$$C_j = C_{tc,j+} C_{lf,j+} C_{ef,j} \tag{54}$$

式中，V_r —— 被核算地点的休闲旅游价值，元/a；

N_j ——j 地到核算地区旅游的总人数，人/a；

J—— 来被核算地点旅游的游客所在区域（区域按距离核算地点的距离画同心圆，如省内、省外等）；

TC_j —— 来自 j 地的游客的平均旅行成本，元/人；

T_j —— 来自 j 地的游客用于旅途和核算旅游地点的平均时间，d/人；

W_j —— 来自 j 地的游客的当地平均工资，元/（人·d）；

C_j —— 来自 j 地的游客花费的平均直接旅行费用，元/人，其中包括游客从 j 地到核算区域的交通费用 $C_{tc,j}$、食宿花费 $C_{lf,j}$ 和门票费用 $C_{ef,j}$； $j = 1,2\cdots$。

附录 4 环境空气污染物浓度限值

污染物	平均时间	年平均浓度限值		单位
		一级	二级	
二氧化硫	年平均	20	60	$\mu g/m^3$
二氧化氮	年平均	40	40	
PM_{10}	年平均	40	70	
$PM_{2.5}$	年平均	15	35	

注：环境空气功能区分为两类，一类区为自然保护区、风景名胜区他需要特殊保护的区域；二类区为居住区、商业交通居民混合区、文化区、工业区和农村地区。一类区适用一类浓度限值，二类区适用二类浓度限值。核算过程中，将核算区域大气污染物监测点位的算术平均值与所在功能区的空气浓度限值进行比较，来确定核算方法。

附录 5　地表水污染物浓度限值

污染物	Ⅰ类	Ⅱ类	Ⅲ类	Ⅳ类	Ⅴ类
化学需氧量	15	15	20	30	40
氨氮	0.15	0.5	1	1.5	2

注：地表水水环境功能分为五类，Ⅰ类适用于源头水、国家自然保护区；Ⅱ类适用于集中式生活饮用水地表水源地一级保护区、珍稀水生生物栖息地、鱼虾类产卵场、仔稚幼鱼的索饵场等；Ⅲ类适用于集中式生活饮用水地表水源地二级保护区、鱼虾类越冬场、洄游通道、水产养殖区等渔业水域及游泳区；Ⅳ类适用于一般工业用水区及人体非直接接触的娱乐用水区；Ⅴ类适用于农业用水区及一般景观要求水域。核算过程中，将核算区域水质监测断面的污染物浓度算术平均值与所在功能区的污染物浓度限值进行比较，来确定核算方法。